"海洋梦"系列丛书

北海浩歌

海洋生态与文明

"海洋梦"系列丛书编委会◎编

合肥工业大学出版社
HEFEI UNIVERSITY OF TECHNOLOGY PRESS

图书在版编目（CIP）数据

北海浩歌：海洋生态与文明/“海洋梦”系列丛书编委会编．—合肥：合肥工业大学出版社，2015.9
ISBN 978-7-5650-2415-3

Ⅰ.①北…　Ⅱ.①海…　Ⅲ.①海洋生态学—普及读物　Ⅳ.①Q178.53-49

中国版本图书馆CIP数据核字（2015）第209751号

北海浩歌：海洋生态与文明

“海洋梦”系列丛书编委会　编　　　责任编辑　李娇娇　张和平

出　版	合肥工业大学出版社	版　次	2015年9月第1版
地　址	合肥市屯溪路193号	印　次	2015年9月第1次印刷
邮　编	230009	开　本	710毫米×1000毫米　1/16
电　话	总　编　室：0551-62903038	印　张	12.75
	市场营销部：0551-62903198	字　数	200千字
网　址	www.hfutpress.com.cn	印　刷	三河市燕春印务有限公司
E-mail	hfutpress@163.com	发　行	全国新华书店

ISBN 978-7-5650-2415-3　　　定价：25.80元

目 录

北海浩歌——海洋生态与文明

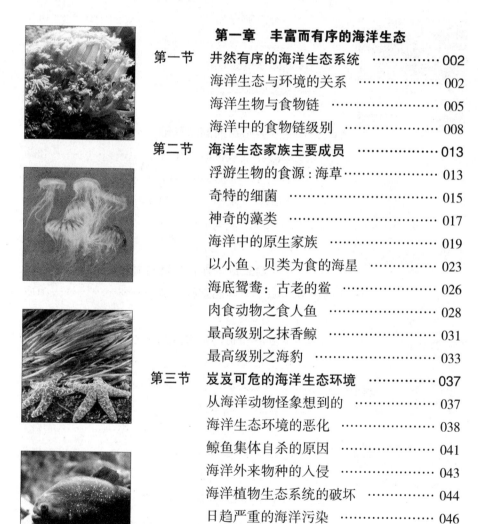

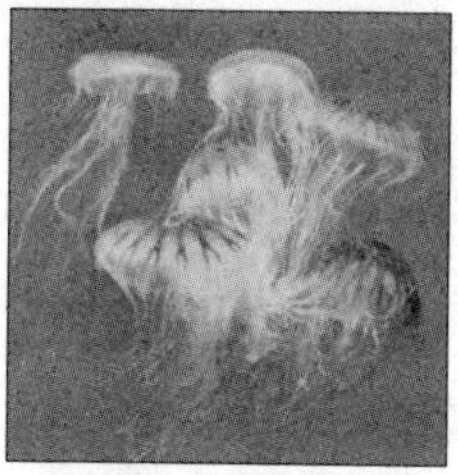

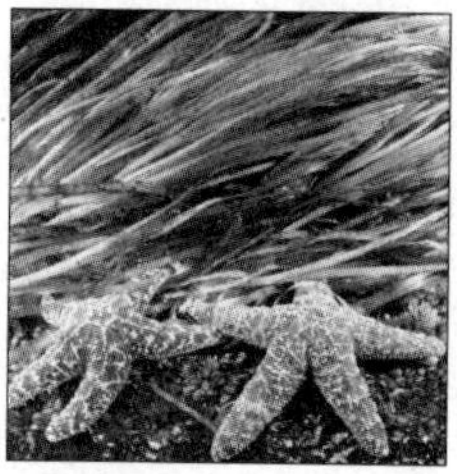

第一章 丰富而有序的海洋生态

第二章 窥探神秘的海洋环境与气候

第三章 异彩纷呈的海洋民俗

第一章
丰富而有序的海洋生态

浩瀚而神秘的大海里，生活着一群生物，它们既有植物、动物，也有微生物。在海洋这个广阔的空间里，它们以自己独有的方式生活并繁衍着，和陆地上的生物们构成了一个完整的生物世界。接下来我们一起认识秩序井然的海洋生态系列。

第一节　井然有序的海洋生态系统

海洋生态与环境的关系

1. 海洋生物与环境的统一

海洋生物与环境的统一，表现在海洋生物与周围环境的相互关系上。这种相互关系，不能理解为环境对海洋生物单方面的作用，而是两者之间的相互作用。每一种海洋生物的生长、发育和繁殖都要求有一定的外界条件，同时又能在一定限度内适应外界条件。如果外界条件发生较大的变化，就会影响到海洋生物生活方式的改变。同时，海洋生物在它们生命活动的过程中也会改变其周围环境。例如，营养盐是海洋浮游植物生长、繁殖的重要外界条件，在温带海区，春季营养盐丰富，加上水温适宜，促使海洋浮游植物大量繁殖。由于海洋浮游植物的增多,利用了较多营养盐类，又引起水中营养盐含量的下降，从而改变了水中的营养条件。又如，光照条件是决定海洋浮游生物在水层中垂直分布的主要因素；当海洋浮游生物大量繁殖时，引起透明度降低，因而又改变了水中的光照条件。由此可见，海洋生物与环境是相互影响和相互作用的，海洋生物不断改变着自己，也改变着它们的周围环境。

海洋生物

海洋生物

环境的各个因素之间是相互依赖的，同时海洋生物与环境的各个因素之间也是相互联系、相互制约的。它们在正常的条件下，处于动态平衡状态。例如，光照条件影响着海洋浮游植物光合作用的强弱，而光合作用的结果又影响了海水中的溶氧量和二氧化碳的含量，从而又影响到海洋浮游植物光合作用的强度。

2. 环境因素对海洋生物的作用

各种环境因素对于不同海洋生物的作用各有差异。按照环境因素对海洋生物生活的影响程度，可区分为最低度、最高度和最适度。所谓最低度是指低于最低极限时，海洋生物就不能生存。最高度即超过最高限度时，海洋生物将停止生命活动。最适度是指此环境因素对海洋生物体的生命活动最为适宜。环境因素的最低、最高和最适度的具体数值，对不同的海洋生物是不同的，这和各种不同的海洋生物对海洋环境因素的适应幅度不同有关。因此，可把海洋生物分为广适应性(广生性)和狭适应性(狭生性)两类。前者可以生活在幅度变化较大的海洋环境中，如广温性生物和广盐性生物。后者只能生活在幅度变化相当有限的海洋环境中，如狭温性生物和狭盐性生物等。

在海洋生物与环境的关系中，海洋生物要求的环境条件以及海洋生物对每一个环境条件的适应幅度，取决于海洋生物在历史上已形成的形态结构与生理特点对于决定它们这些形态结构和生理特点的外界理化条件和生物环境条件的符合程度。因此，海洋生物与其周围环境关系的性质，基本上是以它们的新陈代谢类型为转移的。在海洋动物中，有两种基本代谢类型：一种是变温动物(或冷血动物)代谢类型。这种类型的新陈代谢水平比较低，它们缺乏调节能量代谢的机能，因而不能稳定地维持生命活动和抵抗外界不良调节的影响，所以它们的生命活动在很大程度上是以环境因素的变化而转移的。它们在外界环境的影响下所发生的新陈代谢变化主要是被动的。绝大部分的海洋动物都属于这一类型。另一种是恒温动物(热血动物)代谢类型，它们与第一种类型相反。海鸟和海洋哺乳动物属于这一类型。

各种环境因素对不同海洋生物及同种海洋生物的不同发育阶段的作用并不相同。海洋生物的个体发育过程，都要经过一些在性质上不同的阶段。在每一个发育阶段都与海洋生物的新陈代谢的性质相符合，因而海洋生物在每一个发育阶段中与环境的关系也发生变化。从一个阶段到另一个阶段的转变是突然实现的，是从量变到质变的发展过程。在这一转变过程中，海洋生物本身的结构会发生改组，海洋生物与环境的关系也由一种形式更替为另一种形式。海洋生物的阶段性发育是不可逆的。从一个阶段发育到另一个阶段的速度和成功率，取决于海洋生物所必需的生活条件是否得到满足。海洋生物体在每个阶段都是一个特殊的生活类型，有其特殊的要求，因此阶段的更替也改变着海洋生物与环境关系的性质。同时，任何一个发育阶段所要求的发育条件，不仅影响着本阶段，也影响着下一阶段。所以，个体发育状况以及与之有关的繁殖力与成活率的高低是由生存条件对各个阶段的满足程度所决定的。如果这些要求得不到满足，就会造成海洋生物发育不正常和抵抗力下降，从而影响海洋生物的繁殖和存活。

海洋生物阶段发育对环境的这种依存关系，在水产养殖上有着重要的意义。以对虾繁殖为例，对虾的性腺发育受水温的影响很大，在适宜温度范围内，卵巢的发育随着水温的升高而加快，当水温在18℃以上时即能成熟产卵。同时，性腺发育与饵料也有密切的关系，饵料

对虾

是对虾性腺发育的物质基础，饵料充足，性腺发育就好；反之，饵料缺乏，就会导致性腺发育缓慢或退化。虾的胚胎发育受水温和盐度的影响也很明显，受精卵在水温 20 ~ 25℃时，经过 20 ~ 30 小时的胚胎发育，即破膜孵出无节幼体，水温过高或过低都会造成胚胎发育不正常，出现畸形或不能孵出幼体。虾胚胎发育对盐度的要求也比较严格，它的最适盐度是 25 ~ 35，所能忍受的盐度的上限和下限分别是 20、39，当超过其上下限范围时，胚胎发育就会发生异常甚至夭折。对虾的幼体发育要经过 3 个阶段 12 次蜕皮，才能发育变为仔虾。无节幼体阶段不摄食，依靠体内的卵黄而生活。到了蚤状幼体阶段，开始摄食单细胞藻类，后期的蚤状幼体，除了摄食单细胞藻类以外，还摄食轮虫等动物性饵料。到了糠虾幼体阶段则以动物性饵料为主。这表明对虾在不同发育阶段对食性有不同的要求。

海洋生物与食物链

1. 海洋生物

海洋是生命的摇篮。从第一个有生命力的细胞诞生至今，仍有 20 多万种生物生活在海洋中，其中海洋植物约 10 万种，海洋动物约 16 万种。从低等植物到高等植物，植食动物到肉食动物，加上海洋微生物，构成了一个特殊的海洋生态系统，蕴藏着巨大的生物资源。海洋生物资源有其自身的特点：它是有生命的，能自行增殖并不断更新的资源；但从另一方面说，它因为是通过活的动植物体来繁殖发育，使资源以更新和补充，且具有一定的自发调节能力，是一个动态的平衡过程。但是一旦其生态系统平衡遭到破坏，就意味着海洋生物资源的破坏。

藻类在海洋生物资源中占有特殊的重要地位。它能够自力更生地进行光合作用，产生大量的有机物质，为海洋动物提供充足的食物。同时，它在光合作用中还释放大量的氧气，总产量可达 360 亿吨（占

海洋藻类

地球大气含氧量的 70%），为海洋动物甚至陆上生物提供必不可少的氧气。

事实上藻类还是在最初地球大气转变为现代大气中的“功臣”，有了它们，才有了现代生机勃勃的生物界。所以，海洋植物是维持整个海洋生命的基础，是坚固的“金字塔基”。它们主要包括在水中随波逐流的浮游藻类和在海底生长的大型藻类。

海洋生物中最重要、最活泼的当属动物资源。其中有 1.5 万 ~ 4 万种鱼类，对虾等壳类两万多种，贝壳等软体动物 8 万多种，还有鲸、海参、海豹、海象、海鸟等，它们共同构成了生机盎然的海洋世界，也构成了经济效益很好的海洋水产业。其中鱼类是水产品的主体，也为最重要。

在海洋中，有一个不可忽视的部分就是海洋微生物，主要是细菌、放线菌、雪菌、酵母菌、病毒等，它们的数量极大，分布不均。假设海洋中没有微生物存在，那么海洋中的一切物质就都不能生活。

2. 海洋生态系统与食物

什么是海洋生态系统？要了解这个问题，首先得知道什么是生态系统。生态系统是一架活机器，有结构、有功能，它是指在一定的空间内，所有的生物和非生物成分构成了一个互相作用的综合体，这是一个动态的系统。在这个动态系统

海参

中有物质的循环，有能量的流动，犹如一架不需要人操纵的自动机器，自然而然地运转。对于海洋生态系统来说，生物群落如相互联系的动植物、微生物等是其中的生物成分，而非生物成分即海洋环境，如阳光、空气、海水、无机盐等。海洋环境又可划分为大小不一的范围，小至一个潮塘、一块岩礁、一丛海草；大到一个海湾，甚至整个海洋。

这些生态系统机器虽然大小不一，但都有相似的结构和功能，既有物质的循环，也有能量的流动。举一个在海洋中最普通的例子：大鱼吃小鱼，小鱼吃虾，虾吞海蚤，蚤食海藻，海藻从海水中或海底中吸收阳光及无机盐等进行光合作用，制造有机物质，维持着这个弱肉强食的食物链。

海洋浮游植物和底栖植物是最主要的初级生产者。它们为植食性动物，如钩虾等浮游甲壳动物，蛤仔、鲍等软体动物，鲻、遮目鱼等鱼类提供食物。植食性动物为一级肉食性动物所食，如海蜇、箭虫、海星、对虾以及许多鱼类、须鲸等。一级肉食性动物又为二级肉食性动物(大型鱼类和大型无脊椎动物)所食。随后，它们再被三级肉食性动物(凶猛鱼类和哺乳动物)所食。依此构

蛤仔

成食物链，食物链中的各个生物类群层次叫作营养层次。

海洋中的初级生产者——海洋植物，很大部分不是直接被植食性动物所食用，而是死亡后被细菌分解为碎屑，然后再为某些动物所利用。因此，如同在陆地上和淡水中的情况，在海洋生态系统中也存在着相互平行、相互转化的两类基本食物链：一类是以浮游植物和底栖植物为起点的植食食物链；另一类是以碎屑为起点的碎屑食物链。

海洋中无生命的有机物质除以碎屑形式存在外，还有大量的溶解有机物，其数量比碎屑有机物还要多好几倍。它们在一定条件下可形成聚集物，成为碎屑有机物，而为某些动物所利用。所以，在海洋生态系统的物质循环和能量流动中，碎屑食物链的作用不一定小于植食食物链。

此外，在海域中还存在一条腐食食物链。它以营腐生活的细菌和

以化学能合成的细菌为起点，在海洋生态系统中起着一定的作用。

海洋中的食物链级别

1. 第一级别：浮游微生物

海洋微生物是指以海洋水体为正常栖居环境的一切微生物。与陆地相比，海洋环境以高盐、高压、低温和稀营养为特征。海洋微生物长期适应复杂的海洋环境而生存，因而有其独有的特性。

人们很早就知道海洋中有细菌存在，但是却不知它们一共有多少种。经过生物学家对海洋微生物进行了深入系统的研究后，发现海洋微生物主要由海洋细菌和海洋真菌组成。

海洋细菌只能在海洋中生长、繁殖，在海洋微生物中数量最大、分布也最广。它们是不含叶绿素和藻蓝素的海洋原核单细胞生物，个体直径一般在1微米以下，形状有球状、杆状、螺旋状或分枝丝状，具有坚韧的细胞壁且无真核。

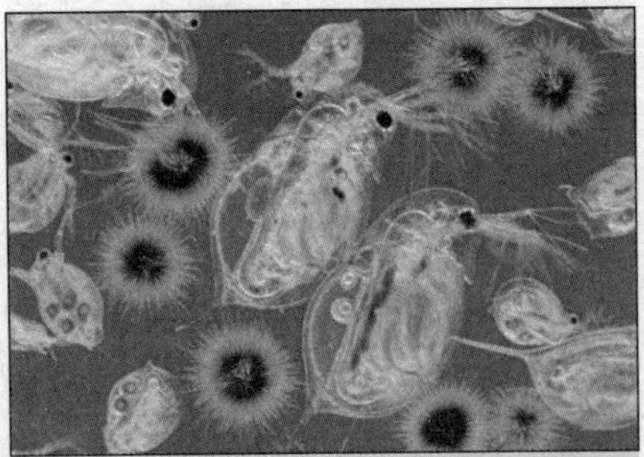

海洋浮游生物

真菌是一类具有真核结构、能形成孢子、营腐生或寄生生活的海洋生物。海洋真菌不到500种，仅相当于陆地真菌种数的1%。

海洋中的微生物从分布水平看，离岸越远，菌数越少。由于受富含有机物内陆水体的影响，港口海水每毫升约含10万个细菌，内海为500个左右，而4000米以外的外海就只有10～250个了。

在水层分布中，细菌随深度的增加而减少，但接近海底菌数又有所增加。数量最多的地方不是海面，而是在5～20米的水层中。20～25米以下，菌数随深度的增加而减少，在海底沉积物中，细菌含量很高，每克湿重沉积物中所含细菌的数量可高达100个。

2. 第二级别：浮游动物

海洋生物链的第二级别是以浮游生物为食的浮游动物，浮游动物是漂浮的或游泳能力很弱的小型动物。浮游动物随水流而漂动，与浮游植物一起构成浮游生物。浮游动物几乎是所有海洋动物的主要食物来源。从单细胞的放射虫和有孔虫到鲱、蟹和龙虾的卵或幼虫，都可见于浮游动物中。终生浮游生物（如

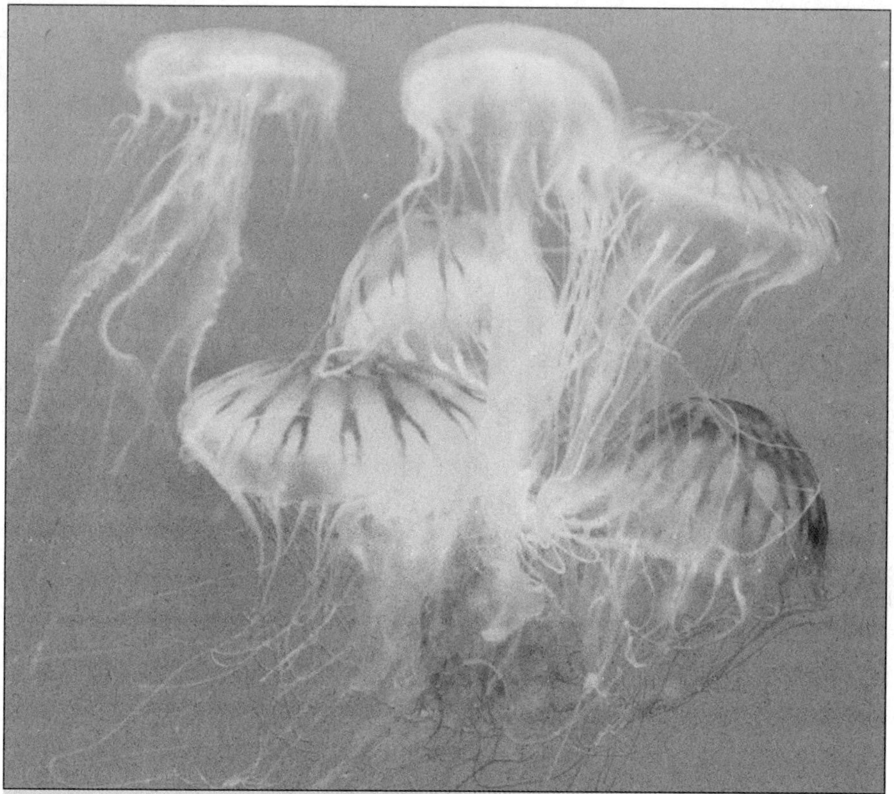

海洋浮游动物：黑心海刺水母

原生动物和桡足类）以浮游生物的形式度过全部生命，暂时性浮游生物或季节性浮游生物（如幼海星、蛤、蠕虫和其他底栖生物）在变成成体而进入栖息场所以前，以浮游生物形式生活和摄食。

浮游动物是一类经常在水中浮游，本身不能制造有机物的异养型无脊椎动物和脊索动物幼体的总称，在水中营浮游性生活的动物类群。它们或者完全没有游泳能力，或者游泳能力微弱，不能做远距离的移动，也不足以抵拒水的流动力。

浮游动物的种类极多，从低等的微小原生动物、腔肠动物、栉水母、轮虫、甲壳动物和腹足动物等，到高等的尾索动物，几乎每一类都有永久性的代表，其中以种类繁多、数量极大、分布又广的桡足类最为突出。此外，浮游动物还包括阶段性浮游动物，如底栖动物的浮游幼虫和游泳动物（如鱼类）的幼仔、稚鱼等。浮游动物在水层中的分布也较广。无论是在淡水，还是在海水的浅层和深层，都有典型的代表。

原生动物可以理解为原初生物，即动物界中最初出现的、最低等的动物。它的身体多由一个细胞构成，所以又称为单细胞动物。但是又不同于高等动物体内的一个细胞，因为其具有运动、消化、呼吸、排泄、生殖、感应等各种生活机能。换句话说，它虽然没有各种器官，但却与整个高等动物体相当，是一个能独立生活的有机体。因此，作为动物，它是最简单的；而作为细胞，它又是最复杂的。

原生动物构成海洋中生物的一大部分，它又是第二级食物链的开端，所以成了海洋动物最重要的食物来源。某些种类如放射虫和有孔虫，它们微细的骨骼会慢慢地沉落海洋深处，形成大片的沉积物，日积月累这些沉积物就演变成了岩石，可作为地层划分的依据之一。有人认为，这些沉积物在微生物以及压力和温度的作用下发生化学变化，是形成石油的原因之一。同时，它在生物学的研究中也具有极大的科学价值。

3. 第三级别：摄食浮游生物的海洋动物

海洋动物是海洋中各门类形态结构和生理特点十分不同的异养型生物的总称。它们不进行光合作用，不能将无机物合成有机物，只能以摄食植物、微生物和其他动物及其有机碎屑物质为生。海洋动物现知有16万～20万种，它们的形态多样，包括微观的单细胞原生动物和高等哺乳动物——蓝鲸等。海洋动物分布广泛，从赤道到两极海域，从海面到海底深处，从海岸到海沟都有其代表。海洋动物可分为海洋无脊椎动物、海洋原索动物和海洋脊椎动物三类。海洋的生活条件相对一致，面积广大，动物中除鱼类、鲸类，还有浮游动物和游泳动物，如头足类和水母等。在许多大洋区，洋流将营养丰富的深层海水带到浅层，使海洋浅层带增加

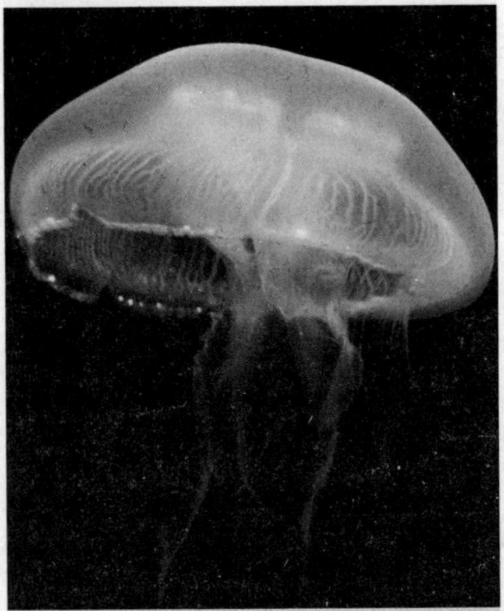

水母

了鱼类产量。在海底生活的底栖动物，包括固着动物，如海绵、腔肠动物和管沙蚕等，以及运动动物，如甲壳类、贻贝、环节动物和棘皮动物等。珊瑚动物在热带海洋发展最充分。珊瑚礁是由大量建礁动物和植物的白垩质骨骼物质(特别是珊瑚和苔藓虫)沉积而成的。在珊瑚礁环境中，动物最密集且最多样化。

大马哈鱼

4. 第四级别：海洋食肉性鱼类

海洋食肉性鱼类是指大多数以鳃呼吸，用鳍运动，体表被有鳞片，体内一般具有鳔和变温的海洋脊椎动物。现生鱼类共两万余种，其中海洋鱼类约有 1.2 万种，为鱼类中最繁盛的类群。

海洋食肉性鱼类从两极到赤道海域，从海岸到大洋，从表层到万米左右的深渊都有分布。生活环境的多样性，促成了海洋食肉性鱼类的多样性。但由于其生活方式相同，产生一系列共同的特点：海洋食肉性鱼类都具有呼吸水中溶解氧的鳃，鳍状的便于水中运动的肢体以及能分泌黏液以减少水中运动阻力的皮肤。

海洋鱼类不同的食性直接影响鱼肉的质量。一般肉食性鱼类的肉质较好，而植食性鱼类的肉质则稍差。但亦有例外，如以浮游生物为食的鲥鱼肉味十分鲜美。

溯河洄游是指在海洋中生活，繁殖期间到江河(包括河口)产卵，它们一生中要经历两次重大变化，一次是其幼鱼从淡水迁入海洋环境，另一次是成年时期又从海洋回到淡水环境中进行繁殖活动。因此它们在生理方面亦产生了有效地适应，才能克服洄游过程中的种种困难。溯河鱼类在溯河洄游中遇到最大的问题就是渗透压的调节。所有溯河鱼类都具有很好的调节能力，如大鳞大马哈鱼在海中生活时期血液冰点下降为 −0.762℃，在咸淡水中生活一段时期后则为 −0.737℃，在到达江河上游产卵场时为 −0.628℃，血液中的盐分显著减少了，同时鳃部的分泌细胞功能亦显著加强了。溯河产卵洄游的鱼类也相当普遍，如我们熟知的鲥、鲚、银鱼、鲟鱼、大马哈鱼等。

5. 最高级别：鲸与海兽类

（1）鲸类动物。鲸类的拉丁学名是由希腊语中的“海怪”一词衍生的，由此可见古人对这类栖息在海洋中的庞然大物所具有的敬畏之情。其实，鲸类动物的体形差异很大，小型的体长只有1米左右，最大的则可达30米以上。它们中的大部分种类生活在海洋中，仅有少数种类栖息在淡水环境中，体形同鱼类十分相似，呈流线型且适于游泳，所以俗称为鲸鱼，但这种相似只不过是生物演化上的一种趋同现象。因为鲸类动物具有胎生、哺乳、恒温和用肺呼吸等特点，与鱼类完全不同，因此属于哺乳动物。鲸鱼一分钟的心跳只有10次。

可爱的海狮

（2）海兽。海兽又称海洋哺乳动物，主要包括哺乳纲中的鲸目、鳍脚目、海牛目以及食肉目的海獭等种类，是重要的水产经济动物。

人类对海兽的猎捕历史悠久，其中以捕鲸起源最早(公元9世纪以前)、规模最大。对鳍脚类的大规模猎捕始于18世纪的北半球。1786—1835年，俄国在北太平洋猎捕了约200万头海狗；1867年，美国大量猎捕北太平洋的海狗、海豹和毛皮海狮等，使资源遭到破坏。

第二节　海洋生态家族主要成员

浮游生物的食源：海草

海草在海洋生态环境中的作用非常重要，如改善水的透明度，控制浅水水质；许多动物的直接食物来源；为许多动物种类提供重要的栖息地和隐蔽保护场所；栖息着许多重要的底栖生物；抗波浪与抗潮的能力，因此是保护海岸的天然屏障。海草的根能利用沉积物中所存在的含量较高的营养物质，而这些营养物常常无法被该生态系统中的其他初级生产者所利用。海草通过其高生产力建立了很大的碳储备，在热带地区，这些碳储备被食草动物如海龟、鸟类和海洋哺乳动物利用。碎屑食物链通常被认为是来自海草的主要能量源流动的途径。根据国际上的研究结果表明：海草的经济价值远高于红树林和珊瑚礁的经济价值。

海草是生活在热带和温带海域沿岸浅水中的单子叶植物。常在沿岸潮下带浅水中形成海草场，具有重要的生态作用，其生物生产力在热带海洋中是最高的。

形态各异的海草

海草在演化过程中也被认为是再次下海的。为适应生活环境，它们在形态构造上也有一些相应的特征：① 有发育良好的根状茎(水平方向的茎)，使各个个体在附着基上交织生长以巩固植体，进而形成海草场。② 叶片柔软，呈带状或切面构造为圆柱状，以便在海水流动时保持直立；叶片内部有规则排列的气腔,以便于漂浮和进行气体交换。③ 花着生于叶丛的基部，雄蕊(花药)和雌蕊(花柱和柱头)高出花瓣以上；花粉一般为念珠形且粘结成链状，以借海水的流动授粉。

海草是适应在海洋环境中生存和繁殖的单子叶植物，由于所处环境常存在潮汐、风暴等的干扰，海草形成了一系列适应特征，克隆性是其中突出的一个。所有的海草都具有水平根状茎，许多海草也具有垂直根状茎。在一些海草中，也观察到其具有无性生殖(无融合生殖)。与克隆生长有关的参数(如节间长度、间隔子长度、分枝角度以及延伸速率和分枝率等)对于海草的克隆生长有着决定性影响，但繁育系统对克隆斑块大小也有较大影响。强烈的克隆性影响着海草的遗传变异。总体来看，海草种群内遗传多样性比陆生植物低，也低于另一类海洋高等植物——红树植物。

海草是南中国海重要的生态系统之一，在全球50多种海草中，南中国海就分布了20多种。

海草作为海洋生态系统的重要组成部分之一，除了能为人类带来可视的经济价值之外，还有一些不可见的价值，例如海草丰富了人类

海边红树林

的精神世界,增加了审美视野等等,这些作用所带来的价值很难用金钱来衡量。

奇特的细菌

海洋细菌对于海洋生命有着重要的意义。假若海洋中没有微生物存在，那么，海洋中的一切元素就不能循环。就是由于它们的存在，才可以把动植物的尸体或排出的有机物再分解成为供植物用的无机盐。它们的存在同时也有助于保持海洋生态系统的平衡和促进海洋的自净能力。

当海洋生态系统的动态平衡遭受某种破坏时，海洋细菌以它的敏感性和适应能力会极快地增大繁殖速度，迅速形成异常微生物区系，积极参与氧化、还原活动，调整和促进新的动态平衡的形成和发展。海洋细菌也参与海洋的沉积成岩作用，如参与硫矿和深海锰结核的形成等。在海洋中形成油和气的过程中,细菌更是起着十分重要的作用。由于它的拮抗和溶菌作用，可以使从陆地进入海洋中的致病菌迅速死亡，因此，海水才具有杀菌作用。

许多光都是由炽热的物体发出的，火、电灯都是如此。在地球上，也有不发热而只发光的光源，这就是生物发光，人们风趣地把这种光称为“冷光”。科学家经研究确定，海洋中共有 70 多种细菌能发光，有的生活在海水中，更多的是寄生、共生在鱼、虾、贝、蟹等海洋动物体内，或存在于它们的尸体中，使它的宿主也成了发光体。海洋发光细菌最喜欢生活在 18℃～25℃的海水中，在热带和温带的海域中也存在着发光现象。

当成千上万的发光细菌聚集在夜空下的海水中，海风骤起，吹皱闪闪发光的海面,激起层层的流花，看上去就像一条条火舌在海上飞舞，光芒四射，像节日的焰火一样。若此时有一条鱼儿游过，鱼的身上也会立即发出光来，它的四周还会出现神话般的光晕。

你知道吗

鱼虾的尸骨为什么会发光

海洋也同陆地一样，有着生老病死的自然现象。当鱼虾年老力衰，长眠于海底之后，有时它们的尸体还会熠熠发光，甚至在 20 米以内人们都能在昏暗的海底把它们辨认出来。原来，那是腐生在它们尸体上的发光细菌在作怪。海洋中除了大量的发光细菌外，还有很多动物能发光。这些动物一般都是在外界条件刺激下才能发光，如受海浪冲击、舰船活动和大型鱼类游动捕食等，都能引起发光。

众所周知，高空中的水蒸气要变成雨滴下来，必须有能使水蒸气分子凝聚的核。过去一直认为，地面上升的尘埃和离子，就是促进这个变化的凝聚核。

美国气象学家在一次气象学会上宣称：大量的细菌可能是导致降雨的重要原因。这位美国专家认为，海洋是产生细菌的摇篮，它们多漂浮在海面，喧啸的海浪里带有无数气泡，这些气泡在到达海面后就会破裂，气泡中的细菌便随着海面上升的气流被带到空中，其移动速度为每小时100千米。然后，气流又把它们带到大气的上层，当细菌到达充满水蒸气的地区时，就会成为水滴的凝聚核，形成雨水下降了。

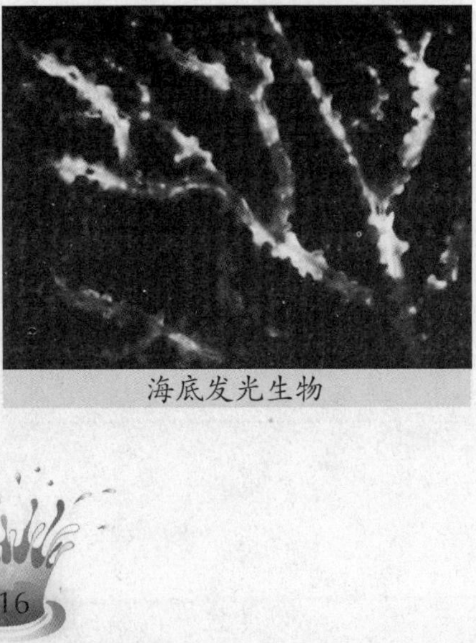

海底发光生物

而当气象学家把分离的23种微生物送入充满蒸馏水气雾的密室做人工降雨实验时，竟意外地发现，有三种细菌能充当晶核，可以使水汽变成雪花。

后来，美国科学家成功地掌握了利用细菌造雪的方法。当气温降到 -7℃时，7克细菌便可使约4000升水变成雪花。人们利用细菌造雪，可以控制雪的质量和结构，还能帮助滑雪胜地摆脱天然雪的局限性，延长雪的冰冻期。当然，人们也希望用它在天空催云播雪。

1975年，美国的一位科学家在美国东北部沿海进行考察时，在海底沉积物中发现了一种很奇怪的细菌。这种放在盘子中的细菌样品，就像受到什么力量的支配，总是聚集在盘子的北边，当他转动盘子时，这些细菌就不断地向北移。这位科学家很快联想到也许是地球的磁场对细菌产生的影响。于是，他又做了一个有趣的实验：他拿起一小块磁铁在盘子上方移动，结果发现细菌被磁力所吸引着，追随着磁铁游来游去。这一发现引起了麻省理工学院专家理查德的兴趣，他经过反复研究，终于揭开了其中的秘密。原来，这种细菌的细胞内有一种类似指南针的天然定向器，它是由22 ~ 25个大小约0.05微米的磁铁微粒构成的。这一发现，对于研究动物和其他生物的回归机制提供了重要的线索。它充分说明生物在地球磁场中的定向运动，是通过永久磁性物质形成的体内“指南针”进行的。

这个发现的意义还远不止于此，有人据此提出一个新奇的设想：如果把这种细菌的磁铁微粒掺入药液中，再把药液注射到病人血液里，并在患病器官的周围造成一个局部磁场，这样就可以使药物定向起作用了。

现在已经无人怀疑利用生物化学能够取代化学反应获得电能的可能性了，因为国外已出现许多研制细菌电池的报告，其中也有海洋细菌。这种自身就能发电的细菌，是美国加利福尼亚大学的施特尼可斯在死海和大盐湖里发现的，它是一种名为视紫红质的嗜盐杆菌。这种杆菌的细胞内有一道叫作视紫红质的紫红蛋白质构成的薄膜，这种薄膜就是一道天然的能量转换器。当阳光照射在薄膜上时，便能产生能量把氢离子挤出去，使被激沉的质子从膜的一面转移到另一面，它的空穴又被另一个质子所取代，每秒钟通过薄膜的质子约300个，从而形成了电流。

这种细菌可以人工大量培养，用来做成细菌电池。现在国外已将它用于航道灯、信号灯、机场跑道指示灯的电源了。这些细菌将来也许还有可能用到海水淡化、无线电通讯及宇航飞船上。

科学家发现，有些海洋微生物具有富集某些元素的本领，如果我们发现能够富集某些化学元素的微生物，再利用它们繁殖快、数量大的特点，把它们释放到海水里大量繁殖，让它们从海水中“吃饱喝足”各种矿物元素，然后再想办法把它们收集起来，便可以提取出各种有用物质来了。因而可以预见在不久的将来，海洋微生物将有望在海水采矿事业中大显身手。

神奇的藻类

蓝藻由于含有一种特殊的蓝色色素而得名。但是，蓝藻也不全是蓝色的，不同的蓝藻含有一些不同的色素，有的含有叶绿素，有的含有蓝藻叶黄素,有的含有胡萝卜素，有的含有蓝藻藻蓝素，也有的含有蓝藻藻红素。红海就是由于水中含有大量藻红素的蓝藻，从而使那里的海水变成了红色。

蓝藻是原核生物，又叫蓝绿藻、蓝细菌。在所有藻类生物中，蓝藻是最简单、最原始的一种。蓝藻是

苔藓

单细胞生物，没有细胞核，但细胞中央却含有核的物质，这些核通常是颗粒状或网状，染色质和色素均匀地分布在细胞质中。这种核物质没有核膜和核仁，但具有核的功能，也称它为原核。因此，与细菌一样，蓝藻属于“原核生物”。大多数蓝藻的细胞壁外面有胶质衣，故而蓝藻又叫粘藻。

在一些营养丰富的水体中，有些蓝藻常会在夏季大量繁殖，并在水面形成一层蓝绿色带有腥臭味的浮沫，人们称它为“水华”，也被称为“绿潮”。绿潮会引起水质恶化，严重时还将耗尽水中氧气而造成鱼类生物的死亡。

海洋地衣是真菌与藻类的共生体，它们大部分是壳状或者鳞片状，生长在海边的潮间带，尤其是高潮带的边缘。有的藻类能与珊瑚、海绵、苔藓、蕨类、裸子植物等多种生物共生，再与真菌共生就形成了地球上的先锋植物——地衣。

地衣体的形态几乎完全是由共生的真菌决定的，而地衣中的真菌大多数属于子囊菌类，甚至有一种地衣真菌与两种藻类共生，形成具有同样形态的地衣体。藻细胞位于地衣体的内部，且通常人们认为地衣内的藻菌关系是互惠共生的关系，藻类细胞的光合作用为地衣植物体制造有机养料，菌类则吸收水分和无机盐，为藻类进行光合作用提供原料，还可以为藻类提供覆盖保护。

你知道吗

夜光藻是怎样发光的

夜光藻是一种真核生物，藻体近似于圆球形，有透明的细胞壁。夜光藻发光的颗粒是一种拟脂蛋白，呈粉红色，当细胞受到刺激时，发光颗粒就开始收缩而产生淡蓝色的荧光。当夜光藻的数量在每升200个时，只能形成微弱的海水发光现象。

在海洋浮游植物中数量最大的要算是硅藻了。硅藻的种类繁多，常见的有圆筛藻、中国箱形藻、太阳漂流藻、辐杆藻、菱形藻、舟形藻等等。它们都是单细胞植物，外面有细胞壁包裹，里面就是原生质，中间有细胞核。

海洋藻类

它们的身体结构特别适合于漂流，能随着海洋四处游荡。它那图案分明的美丽花纹，全都是硅酸盐的沉积物勾画出来的。人类要制造硅酸盐化合物，必须要有一套高温、高压设备，而硅藻却能在常温常压下十分精巧地制作出来，这其中的奥妙怎能不令人称奇？

在法院受理的有关溺水死亡的案件中，往往会围绕着死亡原因和地点不明等问题纠缠不清。其实，碰到这类难解之谜时，只要从死者的胃或腹腔里取出一些水体，再放到显微镜下观察，如果发现有硅藻，就能断定死者是被水淹死的；

硅藻

否则，就另当别论。

硅藻是水中分布最广的一种微体生物，凡是有水的地方都有它的存在，因而溺水死者的胃及腹腔里一定有大量硅藻存在。还有一些更为复杂的案情。例如，有些作案者为了迷惑视听，把溺水者从一处水域捞起，又投入到另一处水域以逃脱罪责，这时硅藻最能帮助查清事实真相。因为硅藻的分布随着水域的不同而种类各异，很难在两个不同水域中找到完全相同的硅藻种类。

根据硅藻的这一习性，人们从死者体内所带的硅藻种类就能断定死者溺水的地方。例如，在海里淹死的人，体内有圆藻、三角藻、盒形藻等；而在湖里淹死的人，体内就会有羽纹藻、短链藻、四环藻等。

海洋中的原生家族

1. 海洋丁丁虫

终生浮游的海洋原生动物中，有三个著名的类群，那就是抱球虫、放射虫和丁丁虫。丁丁虫是一类有壳的纤毛虫，靠纤毛运动和摄食，纤毛旋转的围口膜自壳口伸出，有散布其间功能不详的拟触手，以可伸缩的原生质附于壳的基底。丁丁虫壳是虫体分泌的胶质或假几丁质，

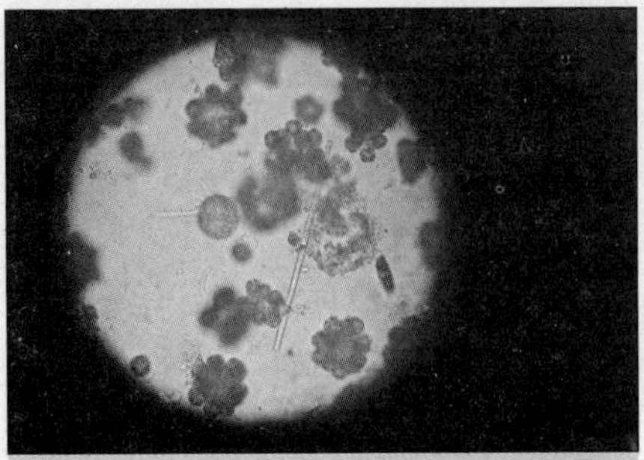
微小的丁丁虫

壳呈铃锥状、瓶形、壶形或筒状，壳面有平滑的，也有黏着沙砾等外来颗粒物质的，以增加其牢固性，因此又称为“砂壳虫”。

丁丁虫主要分布于海洋热带和温带水域的光照层中，约 2000 种。其大多数长 45 ~ 1000 微米，用小型浮游生物网便可采到。丁丁虫在海洋食物链或食物网中也占有一定的位置，以细菌、藻类或微小的鞭毛虫为生，自己又是其他浮游动物幼苗的饵料。丁丁虫是唯一有化石存在的纤毛虫。研究表明，外界方解石可缓慢地置换假几丁质壳壁黏着的沙砾而使之钙化(化石化)。在 1962 年古生物学家还发现了它在古生代的物种化石，可见丁丁虫的生活史从古一直延续至今，在形态上没有多大变化，从而说明远洋环境是相对稳定的。

2. 有孔虫

有孔虫是一种微体生物，要想看到它，需要把底栖生活的海藻或其他动物的虫管放在显微镜下观察，那缓缓而动的、有蓝白色壳的微小生命就是有孔虫了。另外，还可以取一点海沙，经 0.15 毫米孔径的筛洗，把筛洗漏过的沉积物烘干，再放入饱和的四氯化碳溶液中搅动，漂在液面上的小白点就是有孔虫的壳了。

有孔虫是具有壳和网状伪足的单细胞动物，它的壳内还有许多个房间，每个房间有孔相通，因此而得名。有孔虫的全身仅由一个细胞组成,大小近似于海边的一粒细沙。但在显微镜下，却发现它们形态各异，有瓶状、螺旋状、透镜状等。有孔虫广泛分布在世界各个海洋，它是一个大家庭，据统计已有 3 万多种，并且还以每天增加两个新种类的速度飞快增长着。

有孔虫分浮游和底栖两个类群，是海洋食物链的一个重要环节，其分布范围同其他原生动物一样广泛，它们对环境反应敏感，有明显的深

千奇百怪的有孔虫

度分布范围，因而它们是很好的海深指示生物。

研究有孔虫有着巨大的现实意义：现在的海底沉积物中，约有30%是有孔虫壳沉积软泥。据统计，每克海底泥沙中约有5万个有孔虫壳。由于各个历史时期会有各自不同的有孔虫，因此，根据对有孔虫壳沉积物的分析，不但能确定地层的地质年代，而且还能揭示地下构造情况，从而为寻找矿藏尤其是石油，提供重要依据。此外，人们还发现在冷水中的有孔虫壳比在暖水中的小而且孔少，尤其是冰川时期更为明显。因此，根据这一特征，有孔虫又可成为冰川期和冰川后期古海洋和古气候变化的指示生物。

有孔虫祖祖辈辈以海洋为家，生生死死永远不离海洋。没有海水的地方，根本就找不到它的踪影；海水到哪里，海洋的边界到哪里，有孔虫就生活到哪里。而且，它们活着的时候在哪里繁衍、嬉戏，死亡以后就埋藏在哪里了。因此有孔虫是海洋最有力的见证物。

现在山东成山头以东海区，波涛汹涌，水深有70～80米。可是那里的海底泥沙中，并不是每一深度上都能见到有孔虫。原来，距今3.6万年前，今日的滔滔黄海，曾是一片桑田沃野。此外，在远离海洋的我国内地，如北京、新疆、山西、陕西、湖北、四川等地也发现了有孔虫的遗骸，这同样可以证明，以上这些地区曾几何时也是一片茫茫沧海。

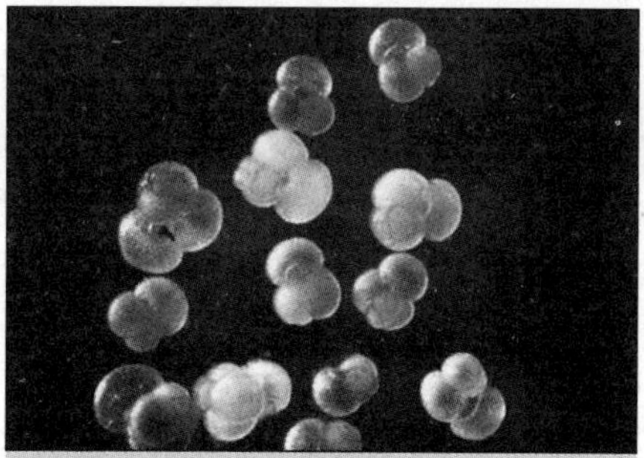
海洋有孔虫

3. 放射虫

什么是放射虫呢？简单地说，放射虫是具有辐射状骨针和辐射状伪足的海洋原生动物，其细胞质被中央囊膜分为内部的中央囊和外部的外质。根据骨骼成分和形状、中央囊孔的多少，放射虫分为等辐骨虫、泡沫虫、罩笼虫、稀孔虫等四大类。它的虫体死后，因二氧化硅的骨骸能在海洋沉积物中得以保存，因此，人们在显微镜下可见那精美动人、和谐对称、平衡有序、巧夺天工的放射虫骨骼。

美丽的放射虫与有孔虫一样，也是一类古老的原生动物，也有硬质骨骼。它们的不同之处在于，放射虫的身体呈放射状，在内外质之间有一中央囊，在外质中有很多泡，以增加身体的浮力，使其适于浮游生活。它的分布遍及世界各个海域的不同深度，为大洋性浮游生物，同时愈接近黑潮和湾流，其种类和数量越多。当放射虫虫体死亡之后，它的骨骼沉于海底，也能形成海底沉积物，作用和意义与有孔虫类似。

微小的放射虫只生活于海洋，因此同样可作为海洋环境的指示生物。另外，新生代热带泡沫虫、罩笼虫的骨骼孔格有随温度升高而变大、简化结构、减轻骨架重量的趋势，因此也可作为海洋环境温度变化的佐证。此外，古代有些放射虫的灭绝与地球地磁的倒转有关联，因而放射虫又可为地磁地层学研究提供资料。

你知道吗

什么动物是古海洋深浅的指示物

要知道大海的深浅，除使用各种测深仪实际测量外，还可从一种叫作介形虫的微体生物身上得到大海深浅的数据。如今海洋中的介形虫一般只有0.5～1.0毫米大小，种类很多，目前已知的就有2500余种。它们大多呈三角形、卵形、梯形等，生活在无边无垠的海洋中，但却从不到处漂泊，在深海生活的绝不到浅海栖居，在浅海生息的也绝不到深海遨游。地质学家根据介形虫的这一习性，就能推算出不同地质时期大海的深浅。

放射虫与有孔虫一样，都可以作为海洋环境的指示物，但放射虫还有一种提供古温度变化信息的功能。在海洋中生活的放射虫，对水温的要求很严格，它们有暖水种和冷水种之分。暖水种只能生活在炎热的赤道大洋区或温热的暖流区；冷水种就分布在远离赤道的北纬40°以北的水域。水温就像一道道厚实的围墙，把放射虫牢牢地圈在各自的生活天地里。因此，从放射虫的分布，就能看出大洋中各处水温的分布。用人的肉眼难辨的“隐士”，就这样忠实地记录着大洋的温度变化。

记录古海洋水温的变化，更是放射虫的拿手本领。堆积在海底的放射虫，本身就是一份古海洋水温

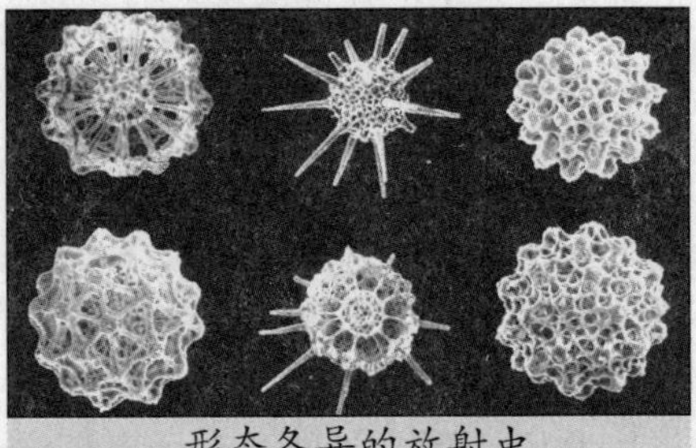

形态各异的放射虫

变化的原始记录。在水温增高时，堆积在海底的放射虫是暖水种；当水温下降时，堆积在海底的放射虫就是冷水种。

太平洋东北部喀斯特盆地3.5万年以来水温变化的曲线，就是通过对放射虫的研究而得到的，在300多万年以前，全球处于寒冷的冰河时代，海区中的放射虫不仅以冷水种为主，而且数量剧减。12万年以后，全球冰期结束，进入温暖的气候期，此时海水中的放射虫又以暖水种数量剧增为特征。因此可以说，放射虫对海水温度变化的反应既灵敏又准确。

放射虫为人们把许许多多古温度变化的信息储存在大洋中，随着科学技术的发展和对放射虫研究的深入，人们将可以从放射虫身上得到越来越多的有关古温度变化的数据。

以小鱼、贝类为食的海星

每当夜幕降临，明月当头，夜空中总是繁星点点，摄人心魂。其实，当你走近大海时，你会发现，海洋中也有众多的星星，那就是海星。

海星没有头却有口，它的“头”可临时配备，它的口很小却可以吞下比自身大数倍的猎物；它有着美丽的外貌却也有残忍的本性；它具有变幻魔术的本领，可把自己的身体变一、变二、变三、变四……它是渔民咬牙切齿地敌害，可却是科学家的宠儿；它是海洋中最古老的动物，却是人们心目中的年轻伙伴……

当你漫步在大海之滨，或深入

紫海星

渔民之家，时常可以看到：一个像五角星似的动物，这就是海星；它的背面呈鲜紫色和黄色交杂相映，腹部呈黄白色，颜色鲜艳，令人喜爱。渔民们常把它晒干成串悬在渔船尾部，外行人一见它常喜欢抚弄它，把它比作海带、紫菜那样的植物，其实它是动物。国外人们把它称作星鱼，星即五角星形，鱼即是海生动物，“星鱼”的叫法似乎挺形象化，但不科学，其实海星与鱼是风马牛不相及的。在动物分类上，它是棘皮动物，是海洋里常见的无脊椎动物。上古时代，海星就已经成了海洋生物的象征了，早在4000年前古希腊的壁画中，海星作为海洋生物的代表已被绘制于壁画中。

观察一下海星的外形，可见除了圆盘留存中间外，余下的就是五个爪子样的腕手。海星既然是动物，应该有个头，可它的头在哪里呢？经过科学家对它进行了长期观察发现，它的五个腕手动作很不协调，其中总有一只腕手老是在那里不停地伸缩，显得特别忙碌。原来这只忙碌的腕就是它的“头”，由它来支配其他器官。如果把这个“头”砍掉会怎么样呢？这时发现这个“头”被砍之际，其他几个腕都警觉起来，一旦“头”被切除，其中一个腕即成了临时的“头”，起着支配一切的功能。这种奇特的换头术，说来奇怪，其实从生物进化的观点来看也不足为奇。凡是低等动物，例如蚯蚓等也都有这种奇特的功能，科学家认为这是自然淘汰的规律在起作用，越是脆弱，易受伤害的动物，其再生的本领也就越高强。科学家的这一解释已被海星本身所证实。海星有1600余种，有的种类抵御外敌的能力较强，于是它的再生能力就差，反之亦然。

海星

海星的腕，堪称万能，有说不尽的用途，行动时以腕代脚引身前进，腕的末端既有“眼睛”功能的视觉，又有“皮肤”功能的触觉，它能对迎面而来的水流和温度的变化做出灵敏的反应，能前、后、左、右、上、下任一方向行动，一旦捉住活物，五个腕又可像爪子一样紧紧把活物抓住，死不放松。小鱼和贝类动物是海星的理想食物，牡蛎、贻贝等贝类动物，尽管有一身硬质的盔甲，照样成为海星的囊中之物。

说起海星吞食硬外壳贝类动物的过程也是挺有意思的。当海星慢条斯理地遇见贝类时，即刻运用它万能的五个爪子紧紧抓住贝类的外壳不放。海星没有大的颚齿，又没有像蟹那样的螯钳，贝类那硬质的外壳，海星是吞不下的。可它另有一套本领，以“时间”来消磨对方，它长时间地抓着贝类，造成一个真空的环境，使囊中物深感缺氧窒息。

同时，海星还施放麻醉毒液，经这样长时间的窒息、麻醉，贝类那紧闭的双唇不得不张开喘气，于是海星马上将肚子里的胃翻出来当嘴唇，伸进壳缝，过不了多久一顿美餐就入口了。科学家估计一只海星平均一天之内连吃带损害的牡蛎可达20余个，可见其残忍的食性。当海星大量汇集时，常常肆无忌惮地残害人们辛苦养殖的贝类动物，还会吃掉鱼的饲料，从而造成该区域鱼虾类大量减少。渔民们都把它比作瘟神，有时捕捉到海星，即刻砍为几截抛入大海，却不知这恰恰造成了大量的再生海星。

因为海星的每一条腕都是一个半独立的机体，都有自己的运动、消化、繁殖和排泄器官，这种结构使海星的断臂只要带上一部分中心圆盘的残骸，就可生长成一个新海星。有的海星本领更大，只要一截残臂，就可长出一个完整的新海星。

海星这种巨大的再生能力渔民们是讨厌的，而科学家却非常偏爱，它的再生本领可以给人们以新的启示，若干年后，海星再生的机理一旦运用于人类，到那时断臂再植将成为一项极其普通的简单事情，不必像现在那样，医生要连续十几个小时在显微镜下做着极其细微的手术。为什么这么说呢？科学家曾对

营养丰富的乌鸡炖海星

海星与人的细胞结构做了研究比较，发现大家都有一种储备细胞(即干细胞)，储备细胞内都有完整的遗传基因。不过海星可以借助这种遗传基因，轻而易举地培育出各种器官的新细胞，从而组成新的海星，而我们人类的这种遗传基因，却只能起弥合伤口组织的作用，不能形成新的器官。于是，科学家们认为，既然人类与海星一样具有再生整个机体的遗传基因，从理论上讲，人类完全也应该具有或接近海星一样的功能。现在已成功运用的克隆技术即是一个证明。科学家们正在为这一预言做着艰苦细致的研究工作，或许若干年以后，预言将真的成为现实。

海底鸳鸯：古老的鲎

远在4亿年前的泥盆纪末期，鲎家族就已存在于海洋世界里了。4亿年的风霜雨露，沧桑变迁，它依然如故，所以科学家把它与水杉、银杏、鳇鱼并称为活化石。鲎家族现有3属5种，分布于北关东部、印度洋以及东南亚沿海一带。我国主要分布在浙江、福建、广东以及中国台湾，并且把中国台湾沿海的鲎称为中国鲎。

在动物学上，鲎属节肢动物，

奇怪的鲎

可它又是哪一“房”的子孙后代呢？若从它的长相上来看，它有坚硬的壳，应属于甲壳类；它天生还有一支尖硬的尾巴，则又应该属剑尾类；追根溯源又被列为蜘蛛类。鲎的这副尊容，经生物学家一番仔细推敲，用生物学分类的方法，最终还是把它归入肢口纲里了。

鲎是一种珍稀的海洋动物，就像“鲎”字一样少见。不仅如此，它还是一种世界上体形最大的节肢动物。它们生活在沙质的海底，用附肢和尾剑挖开泥沙穴居，靠吃蠕虫及无壳软体动物为生。像人能跑能跳能爬树一样，鲎也有好几种运动方式：它可以靠头、胸部的附肢在海底爬行，也可以靠腹部的附肢在海中游泳，还可以来个“撑竿跳”——用尾剑把身体突然撑起来。

每逢春夏之际，鲎开始求偶婚配，生儿育女。幼鲎没有尾剑，身体纵分成中央和两侧三个部分，很像三叶虫的成虫，所以被称作三叶幼虫。这也说明鲎与三叶虫有着亲缘关系。鲎经过了漫长的历史演变，至今还仍然保留着原始的特征，所以它是研究动物进化史的珍贵物种，备受动物学家的青睐。

鲎的生态和习性都颇具特色，可它身上最与众不同的还是它的血液。如果用尖刀将鲎腰部连接鲎壳周围的软组织割开，将躯体剥离时你就会发现，它的瓢状甲壳底部会留下一摊蓝色的汁液，这就是鲎的血。科学家们研究证明：作为低等动物的鲎，其血液中仅含有0.28%的铜元素，并没有红细胞、白细胞和血小板，只由单一细胞组成，因而它的血液呈蓝色。我们知道，高等动物的血液能够通过红细胞输送氧气，并将二氧化碳排出去，同时又通过白细胞的千军万马与入侵的各种细菌决一死战。鲎的血液中没有白细胞，因而它经受不住各种细菌的进攻。鲎血中的单一细胞在遇到细菌后便一触即溃，迅速被瓦解，很快地萎缩，蓝色血液迅速凝固，鲎便丧失了生命。至于为什么鲎具有如此不堪一击的血型，却又能存在长达4亿多年而不绝种，这又是科学界尚待揭开的谜。

鲎在生儿育女方面也有与众不同之处，它的产卵方式很独特。雌鲎产卵时必须先在松软的沙滩上筑巢，用锐利的头胸甲前缘往沙下钻挖，身子形成一个角度以后，再把尾剑插入沙中，将身体撑起，接着以胸部附肢有力地向前后不断挖掘，很快就能扒出一个马蹄形的产卵窝来。当雌鲎伏在窝中产卵的时候，雄鲎则在雌鲎的体后部给卵子受精。

更有趣的是，雌鲎产卵不是一次产完，而是产一堆换一个窝。少的产2～3窝，多的超过10窝。每窝产卵数都在1000粒左右。雌鲎产完卵以后，随着潮水涨落，产卵窝就被沙覆盖。1个多月以后，受精卵在沙窝里借助太阳的热能孵化出一只只黄豆粒大的小鲎。这

蓝血动物——鲎

些小鲎们一出世就成了孤儿，狠心的爹娘早就溜回海里去了。四五十天后，小鲎便从黄豆大的透明薄膜中破“土”而出，然后像螃蟹那样随着身体的发育一次次把旧皮蜕去，从一个只有拇指大的幼鲎成长为一只大似磨盘、重量达数千克的成年鲎。

小鲎们的生长过程是很艰难的，要几经寒暑，才能长大。雌鲎又只管生不管养，它将卵产下后盖上一层薄沙就算完事大吉了，只顾自己逍遥自在。只是由于鲎的子女众多，再加上它们的一身盔甲，鲎子、鲎孙们才能在那弱肉强食的海洋中繁衍生息，绵延不绝。

丑陋而又懒惰的鲎有种独特的生活习性，令人类刮目相看。透过清澈的海水，人们会看到一个有趣的现象：水里的鲎，大都是成双成对的；每只母鲎的背上，都驮着一只比它瘦小的公鲎。鲎对“爱情”很专一，雌雄一旦结为夫妇，便形影不离。北部湾一带的渔民，都称

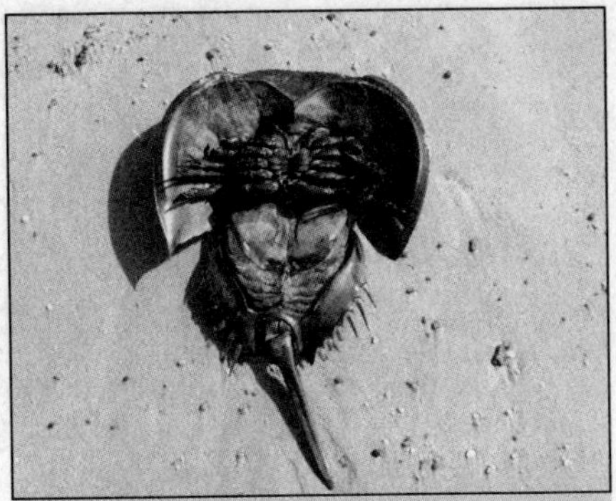
翻过背的鲎

它们为“两公婆”。

每年春深水暖，成群的鲎会乘大潮从海底游到海滩来生儿育女。有经验的渔民熟悉鲎的行动路线，事先在半路上布下了长长的渔网。鲎一旦遭到暗算，就只好在网中待毙，这些被捕入“狱”的鲎也是成双成对的。最令人惊讶的是，当人们在水中抓住一只公鲎的尾巴时，这只公鲎会紧紧抱住母鲎不放，母鲎也不愿弃夫而逃，结果它们一块儿被提出水面。由于鲎的这种成双成对、形影不离、朝夕相处、生死与共的生活习性，使得它们被誉为“海底鸳鸯”。

鲎身上最奇特之处还是它那两双眼睛。鲎的背上有4只骨眼，它们是两只单眼，两只复眼。两只单眼紧挨着，中间只有一条黑线相隔。它的单眼只能感光，看东西主要靠复眼。在昏黑的深海里，鲎却能够行动自如，看清周围的物体，这个现象为人们提供了新的研究课题。

你知道吗

鲎还有哪些宝贵的资源

鲎是生物学研究的活化石，是仿生学研究的对象，而且鲎的肉味鲜美，营养丰富，它的壳可以做成用具，尾可以磨制工艺品。正因为鲎身价高，导致连年来的滥捕已使鲎资源明显下降。生物学家、生态学家们纷纷呼吁，要网开一面，保护鲎资源，切勿“竭泽而渔，明年无鱼”。

科学家们惊奇地发现，鲎的复眼中有800～1000个小眼，每个小眼都是一个独立的视觉功能单位。鲎眼的侧抑制原理促成了“鲎眼电子模型”的诞生，使人们可获得更清晰的图像。在深入研究鲎的视觉系统是如何对信息进行处理的过程中，人们还相继发现了一些难以解释的现象，更加激发了人们对它进行深入研究的兴趣。

肉食动物之食人鱼

俗语说：“大鱼吃小鱼，小鱼吃虾米”，可是在南美洲亚马孙河流域的一些湖泊和河流中，却生长着一种不怕大动物，极具攻击性的食人鱼。

食人鱼，又名食人鲳。据统计，目前已发现的有20多种，主要分布在南美洲安第斯山脉以东、南美洲的中南部河流、巴西、圭亚那的沿岸河流里。在阿根廷、玻利维亚、巴西、哥伦比亚、圭亚那、巴拉圭、乌拉圭、秘鲁及委内瑞拉都有它的踪迹。这是一种十分凶狠的小鱼，可以在片刻之间把落入水中的任何动物啄得只剩骨架。

你知道吗

食人鱼的觅食特点

成年食人鱼主要在黎明和黄昏时觅食，饵料以昆虫、蠕虫、鱼类为主，但其有些相近种只吃水果和种子。活动以白天为主，中午会到有遮蔽的地方栖息。性成熟的食人鱼雌雄外观相似，具鲜绿色的背部和鲜红色的腹部，体侧有斑纹。有发达的听觉，两颚短而有力，下颚突出，牙齿为三角形，尖锐，上下互相交错排列。咬住猎物后紧咬着不放，以身体的扭动将肉撕裂下来，一口可咬下16厘米长的一块肉。牙齿的轮流替换使其能持续觅食，而强有力的齿列可导致猎物严重的咬伤。

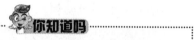

食人鱼

食人鱼的游速不够快，这对于许多鱼类来说无疑值得庆幸，但是捕食时的突击速度极快。游速慢的原因主要归咎于食人鱼的那副铁饼状的体型。长期的生物进化为什么没有赋予它一副苗条一点的身材呢？科学家们认为，铁饼型的体态是所有种类的食人鱼相互辨认的一个外观标志，这个标志起到了阻止食人鱼同类相食的作用。为了对付食人鱼，还有许多鱼类在长期的生存竞争中发展了自己的“尖端武器”。例如，一条电鳗所放出的高压电流就能让30多条食人鱼送命，然后再慢慢吃掉它。

刺鲶则善于利用它的锐利棘刺，一旦被食人鱼盯上了，它就以最快速度游到最底下的一条食人鱼腹下，不管食人鱼怎样游动，它都与之同步动作。食人鱼要想对它下

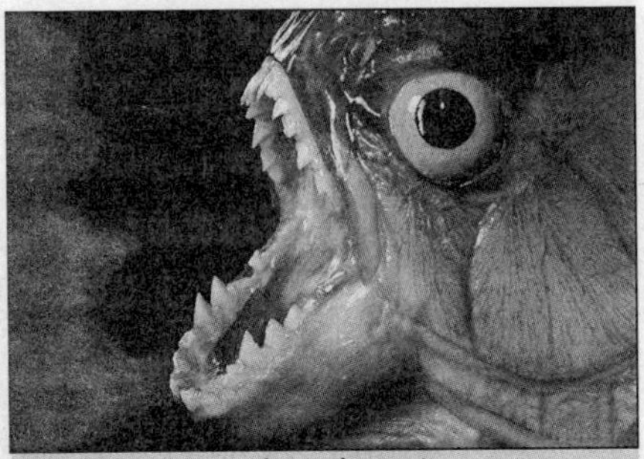

恐怖的食人鱼

口，刺鲶马上脊刺怒张，使食人鱼无可奈何。

食人鱼还有一种独特的禀性，只有成群结队时它才凶狠无比。有的鱼类爱好者在玻璃缸里养上一条食人鱼，为了在客人面前显示自己的勇敢，有时他故意把手伸到水里，在大多数情况下他都能安然无恙。当然，如果手指有伤就另当别论了。假如客人凑近玻璃缸或是主人做了一个突如其来的手势，食人鱼竟然会吓得退缩到鱼缸最远的角落里不敢动弹。显而易见，平常成群结队时不可一世的食人鱼，一旦离了群，就会成为可怜巴巴的胆小鬼。

在中国，引进食人鱼作为观赏鱼已经有50多年的历史。但是，考虑到食人鱼凶残的本性，所有牲畜都吃，会对水禽和人的安全构成威胁。而且这种鱼繁殖速度很快，万一食人鱼流入中国的广阔河流水域，后果将不堪设想，损失难以估计。因此，为了避免给中国各地生态系统平衡带来严重危机，使之造成不可估量的损失，已经在全国各地掀起剿灭食人鱼行动。

除此之外，东南亚的珊瑚礁中，还有一种杀人鱼，叫鬼毒绸，人称"冷血杀手"。它的样子奇丑无比，灰黑色，好像全身有波纹似的，平时伏在礁石中。的肉质鳍中有十几根毒刺，刺空心装满毒汁。当它发现攻击目标时，它会靠近攻击目标，放出毒刺，把毒汁注入人体或牲畜，使人和牲畜很快失去知觉，最后致死，然后把他(它)吃掉。

食人鱼锋利的牙齿

在澳大利亚与巴布亚新几内亚之间的一带海域里，也有一种杀人鱼叫领针鱼，据称是海中最危险的杀手，渔民对这种鱼防不胜防。领针鱼的体长约30厘米，嘴中牙齿像锋利的尖刀。其杀人的方式与以上几种杀人鱼不同，它有飞出水面的绝招，在水面上能飞出7～8米。当它发现渔船上有渔民活动时，会突然从水中跃出，直对攻击的人飞出，把长 7.5 厘米的嘴直插入人的咽喉或胸部，使人顷刻间落水身亡。曾有在一个月内领针鱼刺死渔民 20 余人的纪录。

杀人鱼各种各样，属不同种类的鱼，但有些特征是共同的，它们都有一口锋利的牙齿，并极具攻击性，动作敏捷。人们必须对它们保持高度警惕。

最高级别之抹香鲸

鲸在世界各海洋均有分布。可分为两类，第一类是须鲸类，此类鲸没有牙齿，但有鲸须，还长有两个鼻孔。须鲸类包括长须鲸、蓝鲸、座头鲸、灰鲸等种类，它们都比较温和；第二类是齿鲸类，此类鲸有锋利的牙齿，但没有鲸须，鼻孔一般是一到两个，齿鲸类包括抹香鲸、独角鲸、虎鲸等种类，它们都比较凶猛。

抹香鲸

抹香鲸的长相十分古怪，头重尾轻，宛如巨大的蝌蚪，庞大的头部占体长 1/4 ~ 1/3，整个头部仿佛是一个大箱子。它的鼻子也十分奇特，只有左鼻孔畅通，而且位于左前上方，右鼻孔堵塞，所以它呼吸的雾柱是以45° 角向左前方喷出的。

抹香鲸喜欢结群活动，常结成 5 ~ 10 头的小群，有时也结成几百头的大群。在海上有时顽皮地互相玩耍。但它的性情与蓝鲸、座头鲸截然不同，而是十分凶猛、厉害，其他动物一旦被它咬住就很难逃脱。抹香鲸捕食大王乌贼是最惊心动魄的，双方搏斗时会一起跃出水面，简直像一座平地而起的山。一般前者往往取胜，但有时后者凭借烟幕会逃之夭夭。人们发现在抹香鲸胃中的大王乌贼没有被牙齿咬啮的痕迹，还有人在抹香鲸腹中度过一天一夜居然没有死。这说明，抹香鲸虽有强大牙齿，但并不完全靠牙齿咀嚼食物。

抹香鲸体内有时还“怀”有怪胎，一般为灰色或微黑色的蜡状物，刚从体内取出时非常难闻，干燥后呈琥珀色，带甜酸味，这就是有名的龙涎香。龙涎香本身无多大香味，但燃烧时却香气四溢，酷似麝香，又比麝香幽远，被它熏过的东西，芳香持久不散，抹香鲸名字便是由

体型庞大的抹香鲸

此而来。

抹香鲸是海洋动物界的潜水冠军，它可以潜到2200米的深度，这对其他生物来说是不可能的，它却能驾轻就熟，而且在水下待的时间比其他任何鲸鱼都长。抹香鲸潜水时，听觉器官、鼻孔和所有的开口器官都被天然的阀门封闭，因此不必为它担心，它从不会呛水。

抹香鲸潜水到2200米的深度时，所承受的压力是巨大的。当一个潜水员潜到40米的深度时，若潜水服突然破裂，他就会有生命危险。而抹香鲸则经常在几十至几百米甚至是2000多米深的水层上上下下，它又怎能承受海底的巨大压力呢？究其原因，一是抹香鲸纺锤形的体形和厚达半米的脂肪使它能承受如此巨大的压力，二是得益于它特殊的身体结构。

我们知道，人在潜水时受到水的巨大压力，由于肋骨的收缩程度有限，所以胸腔的缩小有一定的限度。若外界压力过大，胸廓就会支持不住，还会引起血管破裂。鲸鱼潜水时同样也要受到挤压，但由于它的胸廓结构柔软，肋骨是浮动的，可随压力增大而收缩。气管有弹性，压力大时可被压得平瘪下去。而肺和胸腔壁不相连，在一定程度上肺可独立被压瘪下去，且肺有大量弹性组织，能使压瘪的肺在吸气时又会舒张开。这些结构和特性使鲸鱼对挤压的影响产生耐受力，但这是否就是真正的原因至今仍是一个谜，尚有待科学家们进一步深入探索与研究。

最高级别之海豹

海豹是生活在海洋里的一种哺乳动物，主要分布在北冰洋、北太平洋、北大西洋、地中海和南极海域，在中国主要活动在渤海的辽东湾海域。全世界共有 20 种，生活在中国的是斑海豹。海豹的寿命为 30 年，是中国二类重点保护动物。

海豹体长约 1.5 米，体重约 120 千克。眼睛大大的，嘴上还长着胡须。身体肥胖浑圆，头部圆而平滑，没有明显的颈部，身体中部最粗，头、尾两端渐小，是属于很适合在水中快速游泳和潜水觅食的体形。在海豹的身上长有许多黑色或白色的斑点，图案就像陆地上的豹子一样。海豹的四肢很短，而且紧贴着身体，体表没有不必要的突起和凹陷，甚至连外耳壳也没有，从而大大减少其在水中游泳时的阻力。

海豹的祖先生活在陆地上，所以它和陆地上的哺乳动物一样，也是用肺呼吸的，它们不能过久地离开空气。但由于长期在海水里生活，海豹已进化形成了适应海洋生活的特性。海豹的鼻孔和耳孔均有肌肉性活瓣，当它潜入水下时，这些活瓣便关闭起来，防止海水侵入。海豹的胸廓长，肺活量大，能长时间中断呼吸，最长可以一次在水下停留一个多小时。在南极冰天雪地的环境中，为了呼吸，它们就用牙齿在冰层的裂缝或较薄的地方咬开一个洞孔，从这里爬到冰上来呼吸和休息。有时也匆忙地只露出头来呼吸几分钟，就又潜入海底。有趣的是，每一个海豹都有自己的洞口，

可爱的海豹

海豹的萌样

不管它游到哪里，都要回到自己专用的洞口呼吸。一次，科学家想借用海豹咬开的冰洞潜入水中，跟踪和观察它们的活动，不料，他们刚一潜入水中，就遇到海豹们的袭击。单纯的海豹误以为潜入水中的人要来占领它们的洞穴，本能地为保护自己的利益向人类发起了攻击。当科学家明白了海豹的想法后，只得自己开冰凿洞了。

海豹虽说是用肺呼吸，但它潜水时所需要的氧气并不是储存在肺部，而是储存在血液和肌肉中。海豹身体中的血液量约占体重的18%，而人一般只占7%。血液越多，所携带的氧就越多。另外，海豹肌肉中能储存氧的肌红蛋白的量比人多得多，其中所储存的氧量约占海豹全身储氧量的一半。当海豹潜入水中时，就是靠这些供氧的。据研究观察，海豹鼻腔一浸入水中，心跳就会立即从每分钟100次降到每分钟10次；同时，血管收缩，血液除照常供应脑、心脏和鳍肢等重要部位外，身体其他部分一律停止供应。这样就大大降低潜游时的耗氧量，使其能长时间地待在水中。

海豹一生绝大部分时间在水中游动和觅食，仅在生殖、哺乳和换毛时才到岸边或在冰上活动。南极的平均气温为–25℃，最低时可达–80℃。那里的海水异常寒冷，常年维持在–1.7℃，海水的温度那么低，海豹为什么就能忍受呢？首先，海豹的皮下长有一层厚厚的脂肪层，就像套上了一层厚厚的棉被。由于脂肪是热的不良导体，导热性比水低得多，所以皮下脂肪越厚，就越能有效地保存体内的热量。其次，海豹有一套独特的血液循环系统。皮肤散热是由于肌肉和皮肤之间有血液循环。海豹体表的散热率取决于血液从体内向体表传送热量的速率，传送越快，散热越多，反之就越少。海豹的皮肤有内外两层毛细血管网，一层在脂肪层的外面，一层在脂肪层的内侧。需要散热时，外层血管网舒张，血液就通过外层血管网循环，使皮肤升温，达到散热的目的。外界温度低，需要抑制散热时，外层血管网收缩，血液通过内层血管网循环，这就大大减少了运往体表的热量。正是这厚厚的脂肪和奇特的血液循环系统使之能抵抗冰天雪地的严寒。而这皮下脂肪层不仅能御寒保温，而且还与皮肤结成柔软层，这种柔软层对动物快速游泳时产生的涡流有着缓解作用。

科学家为了研究海豹的生活，曾在海豹身上绑了一个自动记录的压力计。根据记录发现，海豹可以快速潜到 100 ~ 130 米的深处，最深的纪录是 15 分钟潜入 600 米，在水中的游泳速度为每小时 13 千米。在水中，海豹活动自如，行动敏捷，它的后肢和身体后部左右摆动形成前进的推动器，前肢仅用来掌握方向。可一旦上了岸，它的行动就显得异常笨拙，它的后肢也失去了作用，只能靠前肢和身体的蠕动在地

海豹群落

上爬行或凭借地势滚动。

海豹以鱼类、软体动物和甲壳类为食。在水中，它可以敏捷地捕捉到食物，即使是在漫漫长夜里那伸手不见五指的冰层下，也能快速准确地发现目标，将其吃掉。这完全得益于长在海豹脸上的触须，这是像猫嘴巴上的胡须一样的一个十分灵敏的感觉器官，它可以通过水流的微弱变化，探知食物之所在。

海豹的繁殖方式和陆地上的哺乳动物一样，受精后，雌海豹要怀孕一年,然后上岸或在浮冰上产仔。小海豹出生以后，雌海豹即守在小海豹旁边加以保护，12 小时之后，开始用乳汁哺育仔豹，哺乳期为 25 天左右。出生的小海豹全身披有白色胎毛，这便于在冰雪的环境中隐匿起来，不被天敌发现。不过，这种胎毛会吸收大量的水分，对游泳不利，因此，小海豹出生后第 16 天便开始脱落胎毛，9 天后，胎毛全部脱完，换成短粗、光亮而有斑点的“毛衣”。更有趣的是，天气越是寒冷，刚出生的小海豹生长得就越是活泼可爱，它们跟在母亲的后面，在冰上戏耍。相反，在天气暖和时出生的小海豹则往往难以存活。这是因为寒冷时，刚生下的小海豹身上的湿毛很快就被寒风吹干了，浑身松软的绒毛像一床厚厚的罩毯，包裹着幼小的生命,使之免于受冻。而温暖时生下的小海豹身上却一直不干，潮湿的毛不能保温，极地寒冷的气候就会很快把小海豹冻死。

第三节　岌岌可危的海洋生态环境

从海洋动物怪象想到的

1. 绿色的牡蛎与透明的鱼

当世界各沿海养殖场都堆满肥硕鲜美的牡蛎时，在日本一些排污口附近的海域，捕获的牡蛎却被禁止出售。因为这些海域的牡蛎与众不同，是绿色的。

这些奇怪的牡蛎引起了科学家的注意。经化验，这种牡蛎体内含有高浓度的铜和锌，尤其是在它们的生殖腺和心脏里，铜、锌的含量最高，是正常牡蛎的 20 倍。当人们化验排污口附近的海水时，也发现了同样的情况。原来，牡蛎正是由于受到海水中铜和锌的污染才成为绿色的。

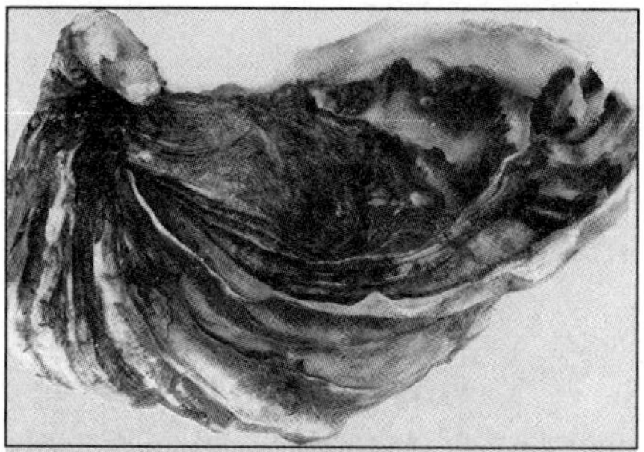

牡蛎

你知道吗

什么叫牡蛎

牡蛎，又名生蚝，属牡蛎科或燕蛤科，双壳类软体动物，分布于温带和热带各大洋沿岸水域。海菊蛤属与不等蛤属动物有时亦分别称为棘牡蛎和鞍牡蛎。

众所周知，海洋生物对多种元素不仅具有很强的富集能力，同时也有一定的抗污染能力。海洋生物体内的污染物质与海水中同种污染物质的浓度对比关系，反映了海洋生物对这种污染物质富集能力的高低，并且是海洋污染研究中常用的指标。乌贼、牡蛎和鱿鱼，对铜、锌的富集能力都很高。其他生活在污染海区的生物，如大虾、长蜞鳕、鼠尾鱼等，体内也常富集铬、锑等重金属，当海洋生物体内的重金属元素浓度超过一定限度，就会引起器官坏死和组织破坏，最后死亡。

这种绿色牡蛎在被铜污染的海区屡见不鲜。在日本的名古屋、延冈、竹原、新居滨和日立等地的近岸海区，都曾发现过绿色的海洋水产品。微量的铜、锌是海洋生物不可缺少的，它们可以保护生物的呼吸，促进色素细胞的生长，但若摄入过量就会对海洋生物构成危害。

在正常海水中，铜的浓度为1.0 ~ 10.0微克/升，锌的浓度为5微克/升左右。当铜的浓度达到0.13毫克/升时，可使牡蛎着绿色；如果含量更高，超过0.19毫克/升，经过96小时，半数的牡蛎就会死亡。锌也可以使牡蛎变绿，并能明显地影响牡蛎幼体的发育，只要海水中锌的浓度为0.3毫克/升，牡蛎幼体的生长速度就会显著降低。当浓度达到0.5毫克/升时，幼体会停止发育甚至死亡。铜和锌对牡蛎的协同影响要比单一的影响大得多。如果海水中铜的浓度达到0.02 ~ 0.1毫克/升，同时锌的浓度达到0.1 ~ 0.4毫克/升，就足以使牡蛎变成绿色。事实上，在被铜污染的海域里，几乎同时就存在着锌的污染。

由于被铜、锌污染的牡蛎不仅着绿色，还常有铜绿的味道，因此人们很少食用。食用绿色牡蛎后会出现腹泻、呕吐等症状。据报道，纽约市肝炎病患者的增多，也与食用被石油及铜渣污染的牡蛎有关。

海洋生态环境的恶化

海洋生态环境是海洋生物存在、发展和海洋生物多样性保持的基本条件。海洋生态环境的任何变化都可能或强或弱地影响海洋生态系统，导致海洋生物资源发生变动，从前文部分我们可以看到海洋动物出现的奇怪现象，就是由于海洋生态环境的恶化造成的。

一段时间以来，海洋生态环境

海洋生态环境恶化

恶化的趋向，受到各沿海国家的重视。为改善海洋生态条件，相关国家也曾采取了一些措施。然而海洋资源与空间的开发利用，已成为各沿海国海洋工作的重点。在对海洋的态度上，保护多服从于开发，所以,在海洋开发日益扩大的情况下，生态环境的破坏越来越严重。主要表现在：

一是某些河口、海湾生态系统瓦解或消失。由于受到污染和海洋工程的建设，像围垦、筑堤修坝、砍伐红树林、采挖珊瑚礁，使特定的生态环境完全改变，生态系统也随之变化或瓦解，如红树林的砍伐与围垦、珊瑚礁的采挖与炸礁、河口修筑拦河坝等，都会发生海域特定生态系统的消亡。

二是海岸带与近海生物的资源量和生态多样性降低。因生态环境被破坏而造成生物资源量减少和多样性下降的事例，在世界近海和海岸带可以说比比皆是。例如，沿岸与河口湿地生物资源量的减少，沿海湿地是多种水鸟、海洋哺乳动物和濒危生物的重要生态环境。湿地的生产力和近岸性对渔业经济、商业和娱乐活动特别重要。据研究，大西洋和墨西哥湾沿岸海域，大约有 2/3 的经济鱼种，在它们生命过程中的某些阶段必须依赖湿地环境。同时，这些湿地又是虾类、贝类、鳍脚类等动物索饵和隐蔽的场所。因此，沿岸与河口湿地是海洋中的高生产力区域。但由于各种原因，不断遭到破坏，仅其面积缩小就很惊人，在 20 世纪 50 ~ 70 年代期间，美国的河口湿地面积减少了约 1.5 万公顷。又如，海藻生态环境的破坏，海藻群落广泛分布在温带和热带沿岸水域，海藻从生，为各种鱼类和其他生物提供了良好的栖息地，在阿拉伯湾每公顷的海藻丛，每年可以满足 850 千克小虾的生长所需，如果是热带、亚热带区域，海藻丛又同红树林、珊瑚礁群混生长在一起，形成海洋生物繁殖、发育更为优越的环境，不同生长阶段的动物为觅食和寻求保护，就能够从一种生境迁移到另一种生境中去。对海藻的威胁主要来自挖泥船、围填海工程、捕捞使用的底层拖网和排钩以及污染等。据资料报道，世界各海区海藻丛受损均比较严重，西澳大利亚科克本海的海藻在 1954 至 1978 年的 20 多年里损坏了近 1/5。无论是沼泽湿地和海藻生境破坏，还是其他海洋生境破坏，很自然会使海域生物资源量减少和生物多样性下降。

三是生境恶化致使偶发灾害事故增多。近海生态环境变差也诱发其他海洋环境灾害，其诱发的本质因素与所发生的灾害之间，彼此又互为因果，只是我们这里讨论的主体是生态环境恶化带来的问题。由于生态环境恶化而酿成的突发性灾害事故很多，如溢油事故。随着海运中的油轮大型化，油轮触礁、碰撞溢油的事件增多，例如 1989 年 3 月 24 日美国“瓦尔迪兹”号油船，在阿拉斯加州近海触礁，24 万桶原油流入威廉王子湾，形成宽 1 千米、长 8 千米的油带，在风浪作用下，大量原油被冲到沿岸，覆盖在海滩、沼泽地、岩石上，波及范围长 1280 多千米。溢油破坏了该区域的生境，使渔业生产损失 0.5 亿～1 亿美元，海洋动物受害十分严重，有 3.3 万只海鸟死亡，包括海燕、海鸠、海鹦等，生活在溢油区域的 1.3 万只海獭，死亡 993 只，19 只海鲸相继死亡，不少海狗、海狮、鲱鱼、绿鳕及其他的鱼类大批中毒死亡。另外，栖息在潮间带的海螺、甲壳动物、海藻和海星等中毒窒息。该事件的发生不仅造成了很大的生态损失，而且使威廉王子湾的生境很难在一段时间内恢复。

原油泄漏是动物的灭顶之灾

四是近海海区富营养化，赤潮现象频频发生。赤潮是全球海洋的一种灾害，多造成较大的生态和经济损失，赤潮产生的原因是多种多样的，但海域富营养化是导致赤潮发生的基本条件。赤潮发生初期，由于植物的光合作用，水体中的叶绿素 a、溶解氧、化学耗氧量都要升高，pH 也产生异常，造成水体环境因子的改变，海洋生物的结构发生变化，原有生态平衡被打破。赤潮的出现会进一步破坏海洋生态平衡。如 1964 年年底美国佛罗里达州西海岸发生赤潮，使大批鱼、虾、海龟、蟹和牡蛎等死亡，冲到海滩上的死鱼，长达 37 千米。赤潮发生后相当长的一段时间，海域的生态系统难以恢复。赤潮还直接危害人体健康。从 20 世纪 70 年代以来的资料来看，赤潮毒素致人死亡的事件，几乎年年都有发生，据统计，至 1978 年世界因食含赤潮毒素的贝类而中毒的事件有 300 余起。未有记录的中毒死亡人数，肯定还要大得多。

近年来，海上倾倒造成的损害事故在我国不断发生，如 1988 年大窑湾建港工程违法倾倒淤泥，使大孤山、湾里、满家滩等地30多平方千米的水域水质变坏，该区域的养殖场共计减产8.4万吨，直接经济损失高达3600万元；1992年在我国香港珠江口外伶仃岛一带海域倾倒废弃物，致使该海域一时无鱼可捕，污泥飘散到附近海水养殖区，引起大量鱼、贝死亡，仅网箱养鱼致死量就高达1000吨，损失900万元。

鲸鱼集体自杀的原因

你感到奇怪吗？近年来，海洋动物竟频频地集体自杀。

历史上曾经有过鲸类集体自杀现象的记载。近20年来，尽管鲸的数量已经比100年前约减少了95%，可鲸集体自杀的次数却越来越频繁，规模也越来越大，这引起了海洋生物学家们深深的恐慌。

1980年6月30日，澳大利亚新南威尔士州北部的居民发现有成群的巨头鲸拼命冲上狭窄的特雷切里海滩。为拯救这些珍贵的动物，人们用绳索、驳船企图把它们拖回深水中。然而一切努力都无济于事，被拉回深水的鲸在海水中游弋片刻，又固执地冲上沙滩，在干涸的沙滩上艰难地挣扎；一些离水时间较长的鲸，干燥的皮肤上出现了血疱，鲜血不断从破裂处流出。鲸的哀吼声不绝数里，悲惨的场面令人目不忍睹。到第二天，大多数鲸窒息而死；未死的鲸，皮肤上血疱累累，全身激烈地颤动，表现出临死前的痛苦。据报道，这次共有58头鲸丧生。

自杀的鲸

类似现象在其他地方也出现过。1982年，在美国佛罗里达州的皮尔斯堡湾，人们发现，有150多条逆戟鲸不顾死活地冲上海滩，全部毙命。1984年，在加拿大的欧斯峡海湾，130多条抹香鲸不顾人们的阻挠，奋不顾身地冲上海滩自杀。1985年，在澳大利亚的塔斯马尼亚岛海滩上发生了同样的惨剧，至少有160条巨头鲸丧生。

无独有偶，在挪威海面和巴伦支海面上，最近30多年来，几乎每隔三四年就会发生一次奇怪的北欧旅鼠的自杀行动。旅鼠是以海滩上的贝壳类动物为主食的动物。它们成群结队地从山上、田野里冲向海岸，任何障碍都阻挡不住它们的前

死亡的鲸

进，鹫鹰、野猫的袭击也不能令它们后退，一到岸边，就毫不犹豫地纵身跃入海中，在海水中挣扎着，直到戏剧性地结束自己的生命。

海洋动物和其他动物的集体自杀行为，成为生物学界的一个难解之谜。

鲸类为什么集体自杀？是由于鲸追捕食物误入沙滩，还是受到某种天敌的驱赶而慌不择路地冲上海滩？抑或是因为一条鲸导航失灵陷于绝境，呼吁它的同伴相救，以致招来集体自杀的悲剧？科学家们众说不一。

一些学者认为，普通海豚和抹香鲸的头部长有内含氧化铁的导航器，犹如一部磁性指南针，帮助它们识别地球磁场，掌握游动方向。重金属如镉、镍、汞、镁等一旦混杂在工业垃圾中进入海洋，往往最终将进入大型动物的体内富积，长此以往，严重损害了它们的脑神经细胞，破坏了它们的导航器，使之迷失方向而冲上海滩。

1988 年，美国波士顿大学海洋生物研究所的几位专家，在解剖了 13 条发生在各地的集体自杀鲸后发现，这些鲸的胃液及胃中残留下来的磷虾中，均含有一定量的有机氯农药和多氯联苯，并且其中不少鲸患有各种疾病。他们认为，近年来频繁发生的大规模的鲸集体自杀现象，与海洋的有机氯农药和多氯联苯污染有着密切关系，由于食物受到污染，鲸患上各种以前从未有过的疾病，诱发了鲸在生理上的变态，痛苦不堪，从而促使它们走上集体自杀的道路。

美国科学家还发现了另一件与有机氯化物污染有关的怪现象。自 20 世纪 80 年代以来，美国西雅图海岸一带的渔民经常捕捉到一些“变形鱼”，这些鱼中有些眼睛的部位变了形，有些尾巴打弯，变成了“T”

磷虾

字形鱼，有些则失去了原有的光泽，变成暗灰色，还有一些甚至成了“透明鱼”，人们甚至可以从外部看到它们的内脏。原来，西雅图是美国最大的港口，附近水域污染严重，而这一带的农场主又把大批不准出售的带有杀虫剂的大豆、水果、小麦和大麦倾倒在海洋中作为鱼食，于是导致了一批批的“变形鱼”。

在海洋环境中，有机氯化物大多是不易分解的长效药物。海洋生物对这类物质具有极高的富集能力，浓缩系数可以达到几千乃至数百万倍。鲸等各种海兽和海鸟、鱼类在海洋生物中处于食物链的高层环节，经食物链传递的有机氯污染物，最终积蓄到它们的体内，使它们深受其害，一些种群发生了变态，个别的目前已面临绝迹的境地。

海洋外来物种的入侵

海洋外来物种入侵，是指一个海域中的某些海洋生物通过各种渠道传播到另一个新的海域，很快适应了新环境并大量繁衍，侵占该海域土著物种的生存空间，与土著物种争抢食物，排斥土著物种，致使该海域原有的生态平衡被破坏，自然生态链断裂。海洋外来物种入侵也被认为是海洋生物污染的形式之一，对土著物种和海洋生态平衡的影响往往是灾难性的，可导致该海域生态多样性无可挽回地减少。

造成海洋外来物种入侵的主要原因是人类的无节制活动，科学家们对此十分担忧。例如：原来生活在北太平洋海域的多棘海盘车，可能是被远航的船舶或者压舱水带到澳大利亚，由于当地的环境条件适宜而大量繁殖。自 1986 年这种海星在澳大利亚塔斯马尼亚海域被发现，短短十几年的时间即遍布东起新威尔士州、西至西澳大利亚州长达数千千米的广阔海域。迄今澳大利亚政府所采取的所有清除努力均告失败，当地政府正考虑动用化学方法、物理方法、生物方法联合进行清除，但结果尚需数年方可知晓。还有入侵北美五大湖的斑马贻贝，已对该水域的码头、港口设备、船舶、渔场等造成了重大的生物污染。为消除该污染，

清除外来物种狮子鱼

当地政府每年都要花费超过6亿美元的巨资，而斑马贻贝对该水域生态环境所造成的损失则更是无法估算的。因此，海洋外来物种入侵问题也是必须引起人类高度警惕的重大问题。

我国江河湖泊中的水葫芦入侵、豚草入侵、福寿螺入侵、美国白蛾入侵等，都是20世纪发生在我国的外来物种入侵的重大事件，只不过这些入侵事件不是发生在海洋中，未被列入海洋外来物种入侵事件罢了。

海洋植物生态系统的破坏

1. 珊瑚礁生态系统

(1) 特点：珊瑚礁生态系统是热带特有的浅水生态系统，存在25℃ ~ 29℃水温，水深小于40米的海域；是生产力最高，生物多样性最大的生态系统之一。

珊瑚礁

(2) 我国珊瑚礁的分布：主要分布在南海 (如海南三亚国家级珊瑚礁自然保护区)、广东、广西、福建、中国台湾沿海。

(3) 经济环境功能：珊瑚礁生态系统是生产力最高，生物多样性最大的生态系统之一，是昼夜活动鱼类群体共享的栖居地；珊瑚礁中生物十分密集，种类多样；是巨大的新化合物来源库和物种储存库 (如抗生素、抗癌药等)。在环境意义上，它能防止海岸侵蚀和风暴损伤；珊瑚岛也是永久居住、种植、海上避难的基地，同时也是娱乐区域和各种生物的庇护场所。

(4) 珊瑚礁生态系统被破坏的途径：过量捕鱼 (炸药、毒药)；开礁和炸礁 (烧制石灰、水泥)；附近港口疏浚 (泥沙)；电厂排放的冷却水 (使水温升高)；石油和磷肥装运长期污染海区；旅游业造成的破坏 (如炸礁通航，游船在珊瑚礁处抛锚，潜水员脚踏，采集珊瑚、贝壳作纪念品)。

2. 红树林生态系统

(1) 红树林生态系统的特点：红树林生态系统是热带、亚热带 (低盐、

海岸红树林湿地生态系统

高温、淤泥质）潮间带特有的木本植物群落，是高生产力海洋生态系统之一；生存在独特的环境里（热带海滩阳光强烈；潮起潮落，海水不断淹没和冲刷；土壤富含盐分）；有独特的生命史和生理结构（如种子“胎生现象”、革质的叶、众多的气根）。

(2) 在我国的主要分布：海南、广东、广西和福建沿海的河口两岸和淤泥质海湾。国家级红树林生态保护区有：湛江、山口、北仑河口、东寨港等。

(3) 红树林的经济和环境功能：红树林生态系统是高生产力海洋生态系统之一；是一种森林资源，具有多种用途（如木材、薪材、纸浆原料等）；林中鸟类、昆虫众多，林下鱼、虾、蟹、贝丰富；生物种类多达2000多种，也有许多珍贵濒危物种；红树林美化环境，景观奇异多姿，是良好的旅游胜地；是有自我修复能力的天然沿海防护林（防风抗浪、固堤护岸、防止侵蚀、保护沿海设施），同时能防治污染（过滤陆源入海污染物、净化海水减少海域赤潮发生）。

(4) 被破坏的途径：沿海工业发展、城市扩张和倾废，侵占红树林区；红树林被砍伐，改造成稻田、椰树种植场、鱼池、虾塘、盐田等；砍伐的红树林用于工业生产。

(5) 保护的方法：通过海滩海岸植红树活动，加强红树林区的病虫害防治。

3. 滩涂湿地生态系统

(1) 湿地和滩涂湿地的定义：1993年《关于特别是作为水禽栖息地的国际重要湿地公约》指出“不问其为天然或人工，长久或暂时性的沼泽地、湿草原、泥滩地或水域地带，带有或静止或流动，或为淡水、半咸水体者，包括低潮时不超过6米的水域”。一般理解的湿地包括沼泽、泥滩地、河流、湖泊、水库、稻田、滩涂（潮间带）以及低潮时水深不超过6米的海水区。后两者为滩涂湿地。

(2) 滩涂湿地的分布：滩涂湿地多由河流携沙淤积而成，在河口两侧往往集中连片；我国沿海滩涂湿地分布广泛，面积最大为黄河三角洲滩涂湿地；在低纬度，多生长红树林，构成红树林生态系统；在中、

滩涂湿地是“地球之肺”

高纬度，多生长芦苇等或为贝滩(如鸭绿江口滨海湿地自然保护区)。

(3)滩涂湿地的经济价值和环境价值：滩涂湿地是高生产力生态系统之一，是人类的重要资源库。是许多有商业价值生物的产卵地和育幼场，也是众多野生动物的繁衍地(两栖类、爬行类、鸟类甚至哺乳类等)，为水产养殖、盐业发展提供有利条件；滩涂湿地的植物是饵料、燃料、工业原料；在环境意义上，它能储水、泄洪、抵御风暴潮，防止海浪冲击、保护海岸；吸收大量二氧化碳，调节气候；降解近岸海域污染，也是旅游观光的良好场所。

(4)滩涂湿地被破坏的原因：大规模的盲目围垦是滩涂湿地被破坏的主要原因，围垦为工业发展、城市扩张等工程用地，以及修建堤坝，开辟为盐田、虾田、农田及堆场等。此外，湿地污染加剧，泥沙淤积严重和海岸侵蚀不断扩展等也会进一步加剧其破坏。

日趋严重的海洋污染

海洋污染主要是由于人类的无节制活动所造成的。在几十年前，人们的头脑中有关环境污染、环境保护等概念还非常模糊，很多人都把海洋当作一个大垃圾箱，工农业废水和废弃物、生活污水和垃圾等都一股脑儿地倾倒至海洋和江河湖泊中。直至近些年，由于海洋中赤潮接连不断地发生，并且越来越频繁，越来越严重，给人类造成的损失也越来越大，海洋环境污染问题才开始引起关注。

海洋污染包括化学污染、有机污染、生物污染、热污染等多种。随着世界范围内工业化进程的加快，由工业废水和废弃物造成的化学污染、重金属污染、有机污染、热污染，由海上石油开采与海难事故造成的石油污染，由农业造成的农药污染、化肥污染，以及由生活污水造成的有机物污染、微生物污染等，

海上石油污染要共同治理

沿海渔业发展网箱养殖

都呈现逐年加重的趋势。这些污染物有的被直接排放到海洋中，有的虽然未直接排入海洋，但通过降水和大陆径流最终还是被带入了海洋，由此而造成的复合污染已使海洋的水环境质量明显下降，部分海域的污染甚至达到了非常严重的地步。此外，水产养殖业的无序发展和养殖规模的无节制扩大，养殖废水、饵料残渣、养殖生物的排泄物等直接影响了养殖区及其附近海域的海水质量，水产养殖业产生的自身污染进一步加重了部分近海水域的环境压力。据调查，我国的部分海水鱼网箱养殖区，投喂的饵料大约只有20%被鱼类摄食，氮转化率仅有24%～28%，有1%～38%的饵料直接沉降至海底，再加上鱼类的粪便等有机物沉积，使养殖海区海水和底泥中有机物及氮、磷含量明显增加，加剧了养殖区海底底质的老化。某些贝类养殖区大致上也是如此。

目前我国近海以及七大水系和主要湖泊中，氮、磷污染已成为最主要的污染，如何控制含氮化合物的排放已成为突出的环境治理议题。《2000—2004年中国海洋环境质量公报》指出，无机氮和磷酸盐已成为全海域的首要污染物，氮和磷已成为导致海水富营养化的最主要因子。氮和磷在自然界中的循环已引起人类的格外关注。一方面因为氮和磷是自然生态系统中必不可缺的重要营养素；另一方面氮和磷过剩又会导致水体富营养化，破坏水域的生态平衡。在最近的几十年中，由于海域富营养化而导致的赤潮，已经给沿海渔业经济造成了巨大的损失，不仅我国如此，世界沿海各国也都面临着同样的压力。

除了氮、磷污染外，随着海洋石油开采以及海上交通运输业的迅速发展，近年来石油污染也成为近海污染中最普遍和最严重的海洋污染之一。此外，由生活污水带入海洋的微生物、由远洋船舶带至新海区的外来生物，以及因未加科学论证而盲目引进的新物种造成生物污染，大量排入海洋中的工业冷却水造成局部海域的热污染等等，这些污染又进一步加剧了对海洋生态平衡的破坏。长此下去，造成的后果必将是灾难性的。因此，治理海洋污染，保护海洋环境，必须引起人类的高度重视，应成为世界各国共同关注的重大议题。

儒艮生活在红海、非洲东部、菲律宾等海域

海洋动物的悲鸣

1. 儒艮的哭泣

儒艮，俗称美人鱼，与亚洲象有共同的祖先，于2500多万年前进入海洋生活。分布于印度—西太平洋海域，目前世界上仅存5个种群，1000 ~ 2000头，在中国属于国家一级重点保护动物。有专家估计，儒艮可能在25年后灭绝。儒艮白天在水深30 ~ 40米的浅海区活动，有时晚间或黎明也到河口区来觅食，但不能在淡水中栖息生活。儒艮多在距海岸20米左右的海草丛中出没，以2 ~ 3头的家族群活动，定期浮出水面呼吸。儒艮每天要消耗45千克以上的海草，摄食动作酷似牛，一面咀嚼，一面不停地摆动着头部，所以又称为“海牛”。

体重达500千克以上的成年儒艮，寿命最长可达70岁。它行动迟缓，从不远离海岸。它的游泳速度不快，一般每小时2海里左右，即便是在逃跑时，也不会超过每小时5海里。

儒艮与海马和海龟等一样，都把海草床作为栖身之处，当然，海草床还为其他各种海洋生物提供了温床，包括小型底栖生物，附生于海草上的动物、微生物、寄生生物以及鱼类，尤其重要的是，海草床为许多经济动物，如对虾的幼体提供了安全、隐蔽，并且营养丰富的栖息场所。一些动物实际上生活于海草床，附着于或结壳于叶子上，还有一些生物则生活在轻柔的海草床上。海草床是各种草食性动物的食物来源，使水下沉积物保持稳定，而且通过死后植物的分解，为海洋生态系统增添了重要的营养物质。在珊瑚礁环境中，龙虾、海胆以及鱼类在晚上可能会离开珊瑚礁的保护而在附近的海草床中寻找食物。曾有人观察到大群黑色的长满刺的海胆在夜晚从珊瑚礁出发向着海草床行进寻找食物，直到白天来临时才返回的现象。

海草是种子植物在海洋中的唯一代表，是真正的已成功地适应了水下生活方式的陆上植物。其他的植物，例如红树林和盐沼中的海草，生活在海洋中但只有部分时间或周期性的生活在水下。在全球120个沿海国家都有分布，面积约为17.7万平方千米。

海草的初级生产力非常高，其生长速度很快，每天可长10毫米，与玉米、水稻不相上下，因而被认为对近岸海洋环境中的生产力和健康有主要的影响，它与珊瑚礁、红树林并列为世界上生产力最高的生态系统。2003年根据联合国环境规划署的资料，过去10年里，全世界的海洋中有10%的海草床消失了。造成海草床减少的原因是什么呢？归结起来，主要是沉积物淤积、污染和有害的渔业作业方式。

在广西壮族自治区的北部湾合浦海域，原先海草茂盛，但由于当地有挖沙虫的习惯，把几千亩的海草床挖成了“瘌痢头”。底拖网作业也对海草床造成严重损害。小马力的渔船在10米以内水深的浅海区进行拖网作业，把大量海草连根拔起，极大地破坏了海草床以及当地的生态环境。海草床的丧失直接危害到像儒艮等珍稀动物的生存。

安心生活的儒艮

历史上，儒艮主要分布在中国广西、海南、广东和中国台湾海域，尤以北部湾海域数量为最多。广西合浦县沙田镇及周边海域共有9处海草床，面积500多公顷。在水温、水质、盐度适中，海底沟槽发育良好，海底草场茂盛的海域，最适宜儒艮的生存与繁殖。1958年以前，我们能看到，成群结队的儒艮在浅海中翻腾嬉戏，特别是天气变化时，不仅在水面扑腾，甚至游到离岸边3 ~ 5米远的地方。而在1958 ~ 1962年，4年间沙田海域共有250多头儒艮遭到捕杀。渔民们用小艇载着渔网到儒艮出没的海域，看见成群结队的儒艮就下网捕捉，有时一网就捕捉到十几头。

儒艮是一种羞怯、胆小的海洋动物，稍有异常响动便逃之夭夭。20世纪80年代以来，由于沙田海域的各类机动渔船日益增多，最多时可达500多艘。渔船行驶时的隆隆机器声，使得儒艮不敢游到浅海的海草床中来觅食。

除此之外，我们人类发展的海水养殖业对儒艮也有影响。近两年来沙田海域发展了许多个体贝类养殖场，不仅占据儒艮的生存空间，损害海草床，更有甚者为了防止人们偷盗贝类，有些人除了在海中设立“瞭望塔”外，还在海中插下无数根长4～5米、碗口粗的木桩，宛如“海上森林”。潮涨潮落时，这些木桩会在海水中发光，还会发出响声，儒艮游近时就会觉得如临大敌，哪里还敢游近浅海觅食呢？更令儒艮致命的是，当地渔民使用电鱼工具捕鱼，海域内时不时冒出电火花。高压电流所到之处，大小鱼虾无一幸免。尽管至今尚无儒艮被电、炸、毒死的报道，但儒艮经受的惊吓是不难想象的。

由于人类对儒艮栖息地海草床的破坏和滥捕，已经濒临灭绝。20世纪80年代以来，原本属于儒艮主要出没地的广西合浦海域，已经难觅儒艮的踪迹。1992年10月，国家确定广西合浦沙田及周边的350平方千米海域为国家级儒艮生态自然保护区。

2. 鹦鹉螺与砗磲的悲叹

（1）鹦鹉螺的悲叹：对大多数人来说，对鹦鹉螺的了解和认识，可能更多的是在鹦鹉螺色彩艳丽、纹路多姿、珍珠层厚的贝壳上，其他就所知不多。其实，鹦鹉螺和章鱼、乌贼是近亲，大约在5亿年前，鹦鹉螺就已经在海洋里生活了，其家族曾兴旺一时，但是由于种种因素，鹦鹉螺已风光不再，正在逐渐走向末日。

在生物学上，鹦鹉螺是头足纲软体动物中唯一具有真正外壳的螺，而且是最早有记录出现的头足类，因此与中华鲟、鲎以及矛尾鱼一样，有“活化石”之称。鹦鹉螺平时群居生活在50～60米水深的海洋中，白天躲在珊瑚礁浅海的岩缝中，晚上出来觅食，主要的食物是虾、螃蟹及小鱼。它有一对发达的大眼睛和约90只的触手和章鱼或乌贼不同

华丽的鹦鹉螺

是，鹦鹉螺的触手没有吸盘，但具有黏性，主要功用是捕捉食物。触手的另一项特殊功能是帮助“睡觉”。鹦鹉螺休息或睡觉时，会用黏性触手拉住岩石，以免被海流卷走。鹦鹉螺的外壳有许多空腔，称为气室，气室之间有一条膜质管子相通，贯通整个螺壳。鹦鹉螺的肉体只住在最外面，最大的一个腔室，称为“住室”。其他的腔室是用来充水或充气的。鹦鹉螺在逐渐长大的过程中，会向外再生长出一个更大的腔室，而把旧腔室封住成为气室。气室的功用是充水或充气，即下沉时充水，沉得越深，充水越多；上升时充气。

鹦鹉螺主要分布在中国的南海和菲律宾到澳洲一带的热带海域，据说发明潜水艇的灵感就是从鹦鹉螺而来的，而第一艘潜水艇的名字也就叫“鹦鹉螺号”。

（2）砗磲的悲叹：砗磲也叫车渠，是分布于印度洋和西太平洋的一类大型海产双壳类。砗磲一名始于东汉，以其纹理像车轮的形状得名。砗磲、珊瑚、珍珠和琥珀并列为西方四大有机宝石。砗磲的纯白度为世界之最。《大般若经》把砗磲与金、银、琉璃、玛瑙、琥珀和珊瑚并列称为佛教七宝。

砗磲的贝壳大而厚，壳面很粗糙，具有隆起的放射肋纹和肋间沟，有的种类肋上长有粗大的鳞片。

在西沙群岛，人们见到的一支最大的砗磲贝壳长达 1.5 米，海南省人民政府把它作为礼物赠送给了香港特别行政区政府。这么大的砗磲，两个贝壳张开宽 1 米多，贝肉 70 多千克，整个贝壳重达 225 千克。20 世纪初，在菲律宾海岸发现一枚长 1 米，重 131.5 千克的巨型砗磲，现陈列在美国自然历史博物馆内，据说是外国人发现的最大的一个砗磲，与西沙群岛发现的砗磲相比，可以说是相形见绌了。其实，砗磲的壳最长可达 2 米多，重量在 250 千克以上，简直是个天然的浴盆。砗磲还是海洋世界上的老寿星，寿命可达百岁，据估测，一般壳长 1 米的个体就已生长百年了，因此，砗磲不仅是个体最大的贝类动物，也是贝类中的老寿星。

砗磲和其他双壳贝类一样，也是靠通过流经体内的海水把食物带进壳来的。但砗磲不光靠这种方式摄食，它们还有在自己的组织里种植食物的本领。它们同一种单细胞藻类——虫黄藻共生，并以这种藻类作为补充食物，特殊情况下，虫黄藻也可以成为砗磲的主要食物。砗磲和虫黄藻有共生关系，这种关系对彼此都有利。虫黄藻可以借砗磲外套膜提供的方便条件，如空间、光线和代谢产物中的磷、氮和二氧化碳，充分进行繁殖；砗磲则可以利用虫黄藻作食物。这种自力更生制造的食物，在动物界绝无仅有，科学家将此称为“耕植”，砗磲之所以长得如此巨大，估计就是因为它可以从两方面获得食物的缘故。另外，砗磲的肉体斑驳陆离，绚丽多彩，这种漂亮也与虫黄藻有关。

砗磲浑身都是宝，肉可制成鲜美佳肴；壳可做盛器，甚至给小孩当浴盆，或雕琢成工艺品；内壳的珍珠层，还能生成天然的珍珠。

现在世界上报道的砗磲只有6种，其中库氏砗磲为中国二级保护动物，生活在热带海域的珊瑚礁环境中。中国的台湾、海南、西沙群岛及其他南海岛屿也有分布。

（3）鹦鹉螺和砗磲悲叹的启示：如果说珍稀和美丽是鹦鹉螺和砗磲招致杀身之祸的原因之一，那么美味则是其招杀身之祸的另一因素。据报道，在海南三亚市的海鲜餐馆普遍出售砗磲，有蒜泥蒸、有清蒸，平均每千克价格约120元。而且煽情地美其名曰“西沙美女鲍”，有清肝明目之效，男人吃了壮阳，女人吃了美容。餐馆以每千克8元的价格从渔民那里收购，再以每千克100～140元的价格出售，吃剩后的壳再制成工艺品出售，又可以赚上一笔。有这么大的利润，怎么会没有人起早贪黑、铤而走险呢？2004年三亚市工商局从一家渔村饭店一次查获库氏砗磲4只，库氏砗磲壳13只，其他砗磲壳11只。

砗磲制成的珍珠手链

砗磲一般纹丝不动地趴在海底，但一旦有外来骚扰，它便利用两瓣贝壳施展难以想象的威力。在贝壳闭合时，如果把一条铁棍插进砗磲的贝壳内，铁棍会被轧弯。因此，不小心手指、手臂被砗磲的贝壳“咬”住，断手折臂难免发生。据说，有一条船在靠岸落下船锚时，锚索落入张开的两瓣贝壳之间，砗磲竟然毫不客气地轧断了锚索。可以想象，砗磲的闭壳肌有多强壮了！像砗磲这样的海底“巨无霸”，其他动物只能“惹不起，躲得起”。砗磲唯一的敌人是贪婪

鲎被称为海底鸳鸯

的人类，因为人类有欲望、有计谋，更有手段。

3. 鲎的呻吟

世界上现存有四种鲎：美洲鲎、中国鲎、马来鲎和圆尾鲎。成年雌鲎个体大过雄鲎。雌鲎体重一般在4千克左右，头胸甲长约40厘米。雄鲎重约2千克，头胸甲长约30厘米。

中国鲎在夏季繁殖产卵，产卵盛期一般在6 ~ 8月。产卵场所通常选择在接近高潮区退潮时阳光照得到的沙滩上。一般大潮加上4 ~ 5级西南风时，岸上的鲎特别多。雌鲎在静置的水里不排卵。雌鲎把卵块产在事先挖好的穴里，雄鲎再把精子排到卵上，一个产卵过程就结束了。一对鲎随潮水涨落上岸，一趟可以连续产几窝卵，每窝卵平均300 ~ 500粒。亲鲎离开后，卵被涌进窝里的沙子盖住。从卵子受精到幼鲎孵化需50 ~ 60天时间。入秋，鲎群又开始从浅海游回深海过冬。幼鲎则在卵窝里过冬，到第二年夏季才爬上滩面，随潮水转移到附近食物比较丰富的泥质滩涂上生长。

鲎营底栖、穴居生活。无论成鲎还是幼鲎大部分时间都喜欢把身体潜埋在泥沙里。春季水温回升到18℃时，再游回浅海泥滩上寻找食物。成鲎对水温很敏感，最适范围在20℃ ~ 28℃。水温低于10℃不利于鲎存活，水温降到0℃时，成鲎开始停止进食。成鲎很耐饥，连续几个月不吃东西也不会饿死。

鲎最神奇的地方是它的血液。血液中只含有一种多功能的变形细胞，能输送氧气以维持生命。有趣的是，在运动中，细胞经常地改变着形状，有时方，有时圆，有时又多角。但它却是一种低级的原始细胞，血液中缺少高级生物血液中作为生命卫士的白细胞。所以一旦细菌侵入鲎，就只有坐以待毙，别无出路。但是它却能经历4亿年沧桑，是什么东西使它免遭灭绝而成为活化石？这还是个谜。

鲎的血液是蓝色的，这是因为在它的血液里含有铜元素而多数高级动物中的血液含有铁元素。铁遇氧变红，铜遇氧变蓝，这是化学反应的结果。

1968年，美国科学家试验成功用鲎的血细胞冻干品(鲎试剂)检测细菌内毒素的方法。随后这种方法被迅速推向临床，用于快速诊断内毒素血症、细菌性脑膜炎、细菌尿等急难病症，挽救垂危患者的性命。与传统的细菌检测办法比较，鲎试剂法不但敏感、快速、可靠，而且成本低。1972年美国科学家库柏又通过实验证明，鲎试剂可以用于放射性药品和注射品的热源检查，解决了药品检测中的一大难题。

模样古怪而丑陋的鲎，对自己的伴侣却十分忠贞不二，成年的鲎总是成双成对地活动，从不分开。一旦雌雄鲎结为伴侣，就像鸳鸯一样，朝夕形影不离，雄鲎总是趴在雌鲎的背上；而雌鲎总是背负着雄鲎四处活动。因此，每次捕捉鲎的时候十有八九捉到的是一双。在厦门，如果有人只抓到一只鲎，便认为不吉利，马上把它放生。

中国鲎主要分布在福建、浙江、广东、广西壮族自治区、海南沿海海域，少数分布在日本九州以南、爪哇岛以北海域。福建省平潭海域鲎产量曾经居全国第一，新中国成立以前，平潭海域常常是鲎多为患。每年入夏，渔村的房前屋后、田边地头到处是鲎，当地因此有“六月鲎，爬上灶”的说法。20世纪50年代以后，

鲎出现的时期比恐龙还早

平潭鲎资源量明显减少。即便如此，当时在敖东、马腿等主要产鲎地区，每逢大潮，一个晚上还可以从几百米的滩涂上捕获1000多对成鲎。但是，由于各种原因，近50年来，平潭的中国鲎产量逐年下降。20世纪70年代，平潭鲎产量比50年代末减少80%～90%。到90年代末，平潭鲎已形成不了渔业了。根据平潭县海洋与渔业局统计的数据，平潭县鲎产量为：1984年是1.5万对，1998年则仅3700对左右，至2002年则比1998年又减少3/4。

中国鲎数量锐减的原因除污染和生态破坏之外，过量捕捞是主要原因。捕捞中国鲎一是为了提取鲎血以及生产甲壳素，二是为了食用。在美国生产鲎血的试剂，每次只抽取1/4的血液，之后放归大海，鲎依然能够生存；而中国的制造商却是“抽光血，吃尽肉”，把抽干血

液的鲎卖给酒家食用。据有关资料显示，中国每年要吃掉10万千克的鲎。甲壳素生产厂家大量低价收购，大小不限，把鲎当作蟹壳虾皮一样提取甲壳素。加工1000千克甲壳素约需8千克鲎，而1千克鲎相当于500对。在广西北海，几乎每一家海鲜餐馆的菜谱上都有“酸甜鲎”这一道菜，有的还将“酸甜鲎”作为招揽顾客的招牌菜。海鲜餐馆的老板抓住了食客们的猎奇心理，向渴望尝鲜的食客们(尤其是不了解鲎为何物的外地游客)大肆推销“酸甜鲎”。据估计，仅在广西沿海，每年就有约100万对中国鲎遭到捕杀。

由于鲎的美味和药用价值给它带来了厄运，更由于成年鲎总是成对活动的习性，加之贪婪的人类，使它们遭到了灭门之灾。长此以往，中国鲎的灭绝已经为期不远了。

4. 海龟的悲叹

海龟是一种常年生活在海洋中的爬行动物，它们主要以鱼、虾、海藻为食。海龟广泛分布于热带、亚热带海域，在中国的南海的南沙群岛和西沙群岛是海龟繁殖的主要场所，每年的4～12月份都有海龟在此产卵，但繁殖盛期是4～7月份。每到繁殖季节，海龟就成群结队地爬上海滩产卵。

说起海龟的繁殖，还有一个非常有趣的现象，平时海龟总是生活在饵料丰富的海域，可一旦性腺成熟，到了繁殖季节，雌海龟就必定会不远万里，长途跋涉，洄游成百上千千米，返回故里的沙滩上产卵育儿，雄性海龟则一入大海，就再也不上岸了。

在海底遨游的海龟

海龟一般在半夜时分从海水中爬上沙滩，为了赶在天亮前返回大海，刚爬上岸雌海龟往往顾不上休息，气喘吁吁地连忙爬向稍高的沙滩或灌木丛中，寻找合适地段产卵。它们找到合适的场地后，首先在沙滩上用前肢挖一个宽大的坑，自己伏在里面再用两只后肢扒出一个产卵坑，产下一个个比乒乓球略大的洁白的卵，卵壳坚韧富有弹性，不易破碎。海龟不像别的动物，在一个地方把卵产完，而是要换几个地方分批产卵。每次产完卵，它就要用后肢把沙子拨在卵堆上，然后再把卵堆上的土轻轻压一压。为了避免卵堆被天敌发现，它又在附近用前肢制造一个假卵堆，再在真伪难辨的假卵堆上面压一压。伪装一番后，海龟便不再管自己的后代，拖着疲惫的身体慢慢地、头也不回地返回大海之中。雌海龟只产卵不孵卵，埋在沙堆里的卵必须借助太阳光照射下沙子的温度自然孵化。经过 40 ~ 70 天的自然孵化期，小海龟才破壳而出。小海龟一出世便急急忙忙地爬向大海，在大海中长大。长大的海龟又会循着一定的路线千里迢迢返回陆地故里来产卵繁殖。

对于雌海龟能准确无误地返回故里的本领，科学家们众说纷纭，有的科学家认为，海龟是利用星星、太阳和月亮做路标，从它们的相对位置来确定自己的航线的；有的科学家认为海龟大脑的下丘部起着生物节律的作用，具有生物钟的功能；还有的科学家认为，海龟是凭着嗅觉器官，依靠嗅觉找回自己的故里，也就是说，海龟从小尝到原出生地海水的味道，从而在记忆中留下痕迹，是这种痕迹诱导着海龟返回的……

海龟最早出现在距今大约 2 亿年前的三叠纪中，中生代为繁盛期，与恐龙是同时代的地球生物，它们一起度过了繁荣昌盛时期。历经大地的沧桑，恐龙相继灭绝，成了考古的化石，海龟尽管也开始衰落，但是，它没有像恐龙那样在地球上消失，而是顽强地生活在海洋世界里。现存的海龟与祖先已不完全一样了，牙齿逐步消失，代之以角质硬化的嘴咬嚼食物。它们与现存的陆生龟和淡水龟类也有不同之处，虽说海龟仍是一种用肺呼吸的爬行动物，但爬行的脚已变态呈鳍状，以适于在海洋中的游泳生活。地球上的龟类，大约有 300 种，但海龟种类并不多，只有 7 种。在中国西沙、南沙群岛上常见的有 5 种，即海龟、丽龟、蠵龟、玳瑁龟和棱皮龟。海龟中体形最大的是棱皮龟，它的体重一般为 400 千克，而 1961 年 8 月在美国加利福尼亚州蒙特利尔附近捕到的一只棱皮龟，体重达 865 千克，体长 2.54 米。

海龟在整个生命过程中时常要面临来自自然和人类因素的威胁，海龟蛋要受到掠食者浣熊和螃蟹的威胁，它们喜欢到巢穴挖食这些蛋。而新孵化出的小海龟要藏身于沙粒之下来躲避海鸟和鱼类的捕食。只有当海龟长到成年后，才能免于除鲨鱼之外的捕食。科学家们推测，孵化出的 1 万只龟中只有 1 只能活到成熟期。

然而，所有这些妨碍海龟生存的自然威胁，比起人类造成的威胁都显得微不足道。由于海龟全身都是宝，海龟肉是上等食品；龟板是制造龟胶的原料，是治疗肾亏、失眠、健忘、胃出血、肺病、高血压、肝硬化等多种疾病的良药；龟掌有润肺、健胃、补肾和明目等功效；龟油可治哮喘、气管炎；背甲不仅是中药，有清热解毒作用，而且可以加工成眼镜框、表带和雕刻成精美的工艺品。因此，商业性捕鱼行为，每年要杀死兼捕上来的数千只海龟。在美国东海海岸，捕虾网就曾经造成了只一个地区 1 年就有 5.5 万只海龟的死亡。虽然国际贸易早有海龟禁止交易的禁令，但经营海龟的捕捞船从未减少，捕杀海龟的现象屡禁不止。世界自然保护基金会 (WWF) 在一份报告中说，偷猎者仍在违反颁布已达 25 年之久的贸易禁令，每年仍有 30 万只海龟被捕杀。

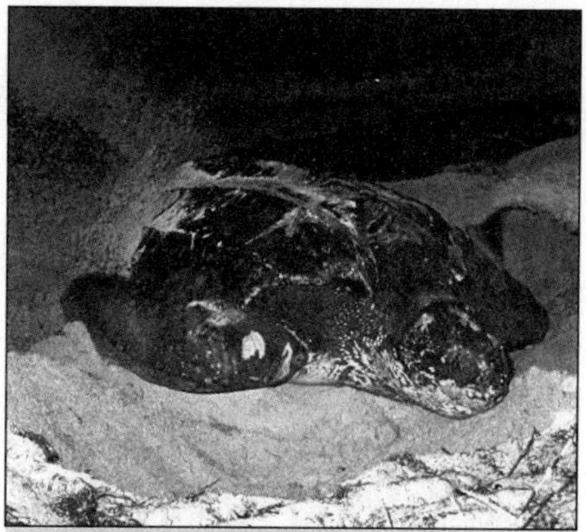
在沙滩产卵的棱皮龟

在大海中倾倒的垃圾，尤其是塑料对海龟来说也是致命的。每年由于错将塑料袋、气球和一次性塑料杯当成水母而误食致死的海龟就多达千只。塑料堵塞了海龟的消化系统，使其饥饿致死。另外，海岸环境的改变对海龟也造成了巨大的冲击，因为海龟在产卵期需要到安静的沙滩来产卵。可是，沙滩上居民房、旅店、商业建筑以及四周保护这些建筑的海堤、防护堤的建造等，都阻碍了雌海龟产卵期的正常产卵。同时，从其他海岸搬运来用以扩充沙滩规模的沙子，往往不适合海龟的产卵。还有外面的照明灯和街灯都会影响雌海龟上岸产卵，或者使孵化的小海龟在爬往大海里的过程中迷失方向。

水污染造成了牛纤维乳头瘤疾病的传播，也造成了海龟的死亡。其他污染物对海藻的侵害，造成海龟最重要的食物——海藻中的含毒量增加。

如今，这些经历了地球气候变化大劫难而幸存下来的海龟，正面对着来自人类活动如捕猎、污染和生存环境被破坏的致命威胁，处于极大的灭绝危机之中。目前，绿海龟、玳瑁、棱皮龟、肯普氏丽龟，大西洋蠵龟和太平洋丽龟等所有的海龟种类都已被列为受到威胁和濒危的物种。

目前，拯救海龟的一个方法是人工养殖海龟，但这只是一个补救办法，由于海龟躯体大、寿命长，人工养殖的代价是很大的。最经济的养殖方法是前期人工繁殖，然后把大量的小海龟放入大海，并呼吁人类不要再捕杀海龟。

呼唤大海的健康回归

古希腊神话中记载了这样一个故事。达摩克利斯是暴君迪奥尼斯修的宠臣，他经常谦卑地恭维帝王多福。但迪奥尼斯修却请他坐到自己的宝座上，并用一根马鬃将一把

许多海龟已被列为濒危物种

被污染的海洋

利剑悬在他的头上，使他晓知帝王的忧患。此后，“达摩克利斯剑”就成为“大祸临头”的同义语。今天，当人们拼命向大海索取的时候，是否也意识到大自然这位上帝，高悬在人们头顶上的那把惩罚之剑了呢？

当时代的车轮滚滚驶入20世纪中叶，昔日温顺、驯服、为人类慷慨提供鱼盐之利和舟楫之便的大海，变得愈来愈不安分，愈来愈暴戾，愈来愈桀骜不驯。我们正面临着一场海洋污染危机，这是危害深远的灾害。现在摆在人们面前有两条道路：一是让任意排污、破坏生态的做法继续下去，其结果会使业已污染的海洋环境进一步恶化；一是保护好海洋的健康，维持生态平衡，变恶性循环为良性循环，从而使海洋环境保护与开发利用海洋资源在健全的基础上得到稳步而持久的发展。两种做法，两种结果，两种前途。通往美好未来的道路仍旧畅通，问题在于我们是否有足够的勇气、足够的理智扫清这条道路。

海洋生物环境是一个包括海水、海水中溶解物和悬浮物、海底沉积物及海洋生物在内的复杂系统。海洋中丰富的生物资源、矿产资源、化学资源和动力资源等是人类不可缺少的资源宝库，与人类的生存和发展关系极为密切。如今的海洋再也承受不了日益加重的污染负担，人类不能等到海洋的蓝色消失后，再来控制污染整治海洋。

目前，海洋保护的主要目标是保护海洋生物资源，使之不致衰竭，以供人类永续利用。特别是要优先保护那些有价值和濒临灭绝危险的海洋生物。据联合国有关部门调查，由于过度捕捞、偶然性的捕杀非目标允许捕杀的海洋生物、海岸滩涂的工程建设、红树林的砍伐、普遍的海洋环境污染，至少使世界上25个最有价值的渔场资源消耗殆尽，鲸、海龟、海牛等许多海生动物面临灭亡的危险。预计随着海洋开发规模的扩大，有可能对海洋生物资源造成更大的破坏。

海洋保护的任务首先要制止对海洋生物资源的过度利用，其次要保护好海洋生物栖息地或生境，特别是它们洄游、产卵、觅食、躲避敌害的海岸、滩涂、河口、珊瑚礁，要防止重金属、农药、石油、有机物和易产生富营养化的营养物质等污染海洋。保持海洋生物资源的再生能力和海水的自然净化能力，维护海洋生态平衡，保证人类对海洋的持续开发和利用。

污染海洋，就是危害人类自己！保护海洋，就是保护人类自己！

我们应当记住20多年前在瑞典首都斯德哥尔摩召开的“联合国人类环境会议”。全人类的代表聚集一堂，共同讨论大会组委会公布的一份报告。报告的题目就叫“只有一个地球”。

是啊！在茫茫的宇宙间，地球只有一个，难道海洋不同样只有一个吗？

波涛，终日拍打着海岸。我们仿佛从中听到大海向全人类发出的警告：“人们，我爱你们，可是你们要警惕啊！”

第二章 窥探神秘的海洋环境与气候

或许你曾经赞叹辽阔的海洋；或许你也曾惊讶海底的奇妙；或许你曾经为企鹅的憨态而发笑；或许你也曾经在水族馆为海豚的表演而喝彩；甚至儿时的我们也曾问过爸爸妈妈，海底是不是真的有龙宫？下面就让我们一起走进神秘的海底世界，去感受海底生物居住的环境和气候。

第一节　海洋非生物环境

众说纷纭：海洋的形成

“大海啊，大海，生我养我的地方……”正如歌中所唱的那样，地球上的生命就是从这里发源的。而且，从单纯的数量角度来说，地球上的生物大部分也是生活在海洋里的。我们知道，地球分为岩石圈、水圈和大气圈，在这三层物质的中间，有着两层生物圈，生活着各种各样的生命。在陆地上，生物局限于距离地表几米到几十米的范围内(只有鸟类和飞机可以暂时离开地面)；而在海洋中，生物却可以长久地占据深达11千米的领域，有些地方可能更深一些。说起大洋底部时，人们通常会说：“我们对它的了解程度还不如月球。”那么，海洋究竟是什么样的呢？

海洋中的生物

有人说自从有了地球也就有了海洋；有人说是海洋哺育了地球；还有人说海洋很年轻……那么，海洋到底是怎样形成的？这也是人们探讨了几百年的问题。

关于海洋起源，来自世界上各个地方的科学假说也是多种多样的。因为人类是继地球和海洋诞生之后才出现的，所以不可能目睹海洋形成的奇观，因此，对海洋的起源问题只能以已经掌握的科学知识来进行推测。1879 年，著名生物进化论创立者达尔文的儿子 G. 达尔文提出了一种形成大洋的“月球分出说”。这种假说认为，在地球刚刚形成的时候，它的自转速度比现在要快得多。由于太阳的引力作用和地球的高速自转,使部分地块脱离了地球，被甩出的地块在地球引力的作用下，绕着地球不停地旋转，后来便成为我们夜晚常能看到的月亮。月球被甩出后，在地球上留下了一个大窟窿,逐渐演变成今天的太平洋。但是,这种假说后来遭到了许多科学家的反对。

有人计算过，若使地球上的物体飞离，其自转速度应是目前地球自转速度的 17 倍，也就是说一天只有 1 小时 25 分钟，这显然是令人难以置信的。还有的人认为，若月球从地球上飞出，则月球的运行轨道应在地球赤道的上空，而事实上却不是这样。此后，法国学者 G. 狄摩切尔又提出了新的太平洋成因假说——“陨星说”。他认为，太平洋是由另一颗地球的卫星 (其直径比月球大两倍) 坠落地面造成的。这颗卫星冲开了大陆的硅铝层外壳而形成巨大的陨石谷，它还可能深入地球内核，引起地球的强烈膨胀与收缩,其结果不仅形成了太平洋，

陨石

而且又使其他陆壳也破裂张开，形成了大西洋等大洋。随着宇航科学的发展，这个学说的研究又重新兴盛起来了。然而，人们还是特别怀疑偶然的碰撞是否能形成占地球表面积 1/3 的巨大太平洋盆地，因为，就目前人类的发现来说，无论是地球上还是月球上的陨石坑，其规模都是很小的。

大陆漂移说认为，地球上现有的大陆在距今 2 亿年前是彼此连在一起的,从而组成了一块原始大陆，或称为联合古陆。联合古陆的周围是一片汪洋大海，叫作泛大洋。在距今 1.8 亿年前,联合大陆开始分裂，漂移成南北两大块，南块叫冈瓦纳古陆，包括南美洲、非洲、印巴次大陆、南极洲和澳洲；北块叫劳亚古陆，包括欧亚大陆和北美洲。以后，又经过上亿年的沧桑之变，到了距今约 6500 万年前，联合古陆又进一步分裂和漂移，从而形成了亚洲、非洲、欧洲、大洋洲、南美洲、

北美洲和南极洲；而泛大洋则完全解体，形成了太平洋、大西洋、印度洋和北冰洋。

你知道吗

大陆漂移学说是怎么出现的

1910年，30岁的德国地球物理学家魏格纳在第一次世界大战中受了伤，而他却由此因祸得福。养病期间，百无聊赖的魏格纳在阅读世界地图时，发现大西洋东西两侧海岸线，虽然也和其他海岸一样是弯弯曲曲的，但是它们的形状却很相似，好像一张被撕成两半儿的报纸。如果把这两半儿“报纸”拼合在一起，恰好形成一块完整的大陆。这难道是巧合吗？这在魏格纳的脑海里留下了一个疑问。后来，他又发现大洋两边的大陆有着相同的地质年代和古生物化石，在地层和地质构造等方面也有某些相似之处。经过反复研究，魏格纳断定大西洋两岸原来是连在一起的，分开只是后来的事。于是，1912年1月6日，在德国法兰克福召开的地质学代表大会上，他首次提出了“大陆漂移说”。这个科学假说后来又被许多科学家所完善，成为地球四大洋形成的最有说服力的一种学说。

世界各地的科学家们为了能够更合理地解释大陆漂移现象，一直在坚持不懈地探索新的科学依据。1961年，美国科学家赫斯和迪兹提出了“海底扩张说”，事过两年，法国的凡因和马修斯也提出了这个理论。海底扩张说认为，洋底新地壳有一个不断形成的过程，地幔里的物质不断从大洋中脊上的裂谷里涌出，冷凝和充填在中脊的断裂处，从而形成新的洋底。新海底不断扩张，把年老的海底向两侧排挤，当被挤到海沟区时，它们便沉入地幔。据计算，海底扩张速度每年有几厘米，最快的每年可达16厘米。这样，就使得海底每隔3亿～4亿年便要更新一次。这一海底扩张的过程被深海钻探资料所证实，还可以从洋脊两侧岩石的磁性上得到证明。

直到20世纪60年代后期，在“漂移”和“扩张”这两大理论基础上，一种崭新的科学假说诞生了。从此，

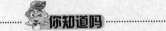

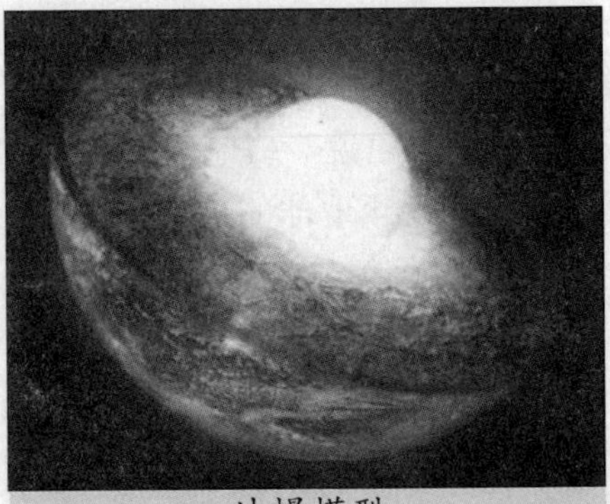

地幔模型

海洋起源的研究进入了一个全新的时期。1968 年，法国学者勒比雄提出了“板块构造说”。这种学说认为，全球岩石圈不是整体一块，而是被一些构造活动带所分割，分成的一些不连续的块体称为板块。勒比雄将全球分为六大板块，即亚欧板块、美洲板块、非洲板块、太平洋板块、澳洲板块（印度洋板块）和南极洲板块。这些板块很像漂浮在地幔上的木筏，游游荡荡，存在着种种形态的漂移关系。地壳的活动就是这几个板块相互作用引起的，在板块相互交接的地带，地壳活动比较明显，常常会形成地震和火山爆发等现象。这些板块还在不断地进行相对的水平运动，当大洋板块向大陆板块运动时，板块的边沿便向下俯冲进入地幔；地幔把俯冲进来的地壳加温、加压和熔化，再运向大洋海岭的底部，然后再上升出来。这恰恰与“海底扩张说”相吻合，在地幔的相对运动中大陆确实被“漂移”了，经过很久很久的一段时间，才形成了今天地球上海陆分布的面貌。

把大陆漂移、海底扩张和板块构造这三种理论有机地结合起来，一个新的、完整的全球构造学说的轮廓就清晰起来了，我们所讨论的海洋起源问题，也就有了一个比较清晰的眉目。然而，人类的历史才只有 300 多万年，与地球相比，这段历史显然只是一段极短暂的时光，对于海陆起源的问题，上述种种学说都有它不能解释的问题。所以，这个问题至今仍旧不能说已经得到了最终的解答。

地球仪上的海洋与大陆

千奇百怪：海底地形地貌

海洋是地球上广袤连续分布的咸水水体的总称。海洋的总面积为 3.6 亿平方千米，约占地球总面积的 71%，它的总体积约为 13.7 亿立方千米，比陆地的体积大 14 倍。海洋的平均深度为 3800 米，最大深度为 11034 米。在北半球，海洋面积占该半球面积的 61%；在南半球，海洋面积占该半球面积的 81%。一般来说，海洋的中心部分称为洋，边

海底深处的生命

缘部分称为海，海与洋彼此沟通，组成统一的世界海洋或称大洋。海底地形地貌也是千变万化的，与陆地一样有着复杂的地形和丰富的矿藏。下面，我们一起了解一下：

1. 复杂多变的海底地形地貌

在辽阔的海洋上，分布着几个大陆板块和许许多多的美丽海岛。海岛形态各异、大小不一，宛如一颗颗璀璨的珍珠镶嵌在波光粼粼的大海之上。这些岛屿小的不足 1 平方千米，大的却有几百万平方千米。世界上的岛屿有 5 万多个，总面积达 997 万平方千米，约占地球总面积的 1/15。

那么，地球表面 70% 以上的部分被海水覆盖，海水下面的海底是什么样子呢？是不是和陆地一样，有山脉、平原、盆地等不同的地形呢？答案是肯定的。海底有高耸的海山，起伏的海丘，绵长的海岭，深邃的海沟，也有坦荡的海底平原。

2. 大陆架

《国际海洋法》给大陆架的定义是：大陆架是指邻接一国海岸但在领海以外的一定区域的海床和底土。沿岸国有权为勘探和开发自然资源的目的对其大陆架行使主权权利。

大陆架又叫“陆棚”或“大陆浅滩”。它是指环绕大陆的浅海地带。在地理学意义上，大陆架指从海岸起在海水下向外延伸的一个地势平缓的海底地区的海床及底土，在大陆架范围内海水深度一般不超出200米；海床的坡度很小，大陆架是大陆向海洋的自然延伸，通常被认为是陆地的一部分。

大陆架有丰富的矿藏和海洋资源，目前已发现的有石油、煤、天然气、铜、铁等20多种矿产，其中已探明的石油储量占整个地球石油储量的1/3。大陆架的浅海区是海洋植物和海洋动物生长发育的良好场所，全世界的海洋渔场大部分分布在大陆架海区。还有海底森林和多种藻类植物，它们可以用来加工食品，制药和作为工业原料，这些资源的所有权属于沿海国家。

3. 大陆坡

大陆坡是指向海一侧，从大陆架外缘较陡地下降到深海底的斜坡。它广泛展布于所有大陆架周缘，为全球性地形单元。大陆坡可以分为上下两界，上界水深多在100 ~ 200米之间；下界往往是渐变的，在1500 ~ 3500米水深处，也有的下延到更深处。大陆坡宽度为20 ~ 100千米以上，世界上的大陆坡总面积约2870万平方千米，占全球面积的5.6%。

由于河流径流和海洋作用，大陆坡沉积物中含有丰富的有机质，沉积层深厚的地方具有良好的油气远景。锰结核、磷灰石、海绿石等矿产也分布在大陆坡上。此外，世界上一些重要的渔场，也往往形成在大陆坡海域。

4. 大陆隆

大陆隆，也叫大陆裙，是位于大陆坡与深海平原之间的巨大海洋地质沉积体。大陆隆靠近大陆坡的地方较陡，接近深海平原的部分较缓，平均坡度为0.5° ~ 1°，水深在1500 ~ 5000米之间。大陆隆主要分布在大西洋、印度洋、北冰洋边缘和南极洲周围。在太平洋西部边缘海的向陆一侧也有大陆隆，但在太平洋周围的海沟附近缺失大陆隆。大陆隆的沉积物主要来自大陆的黏土及砂砾，厚度约在2000米以上。

5. 大洋盆地

四周较浅而中部较深、面积较大的大洋底称为大洋盆地，简称“洋盆”。

大洋盆地一般位于大洋中脊与大陆边缘之间，它的一侧与大洋中脊平缓的坡麓相接，另一侧与大陆

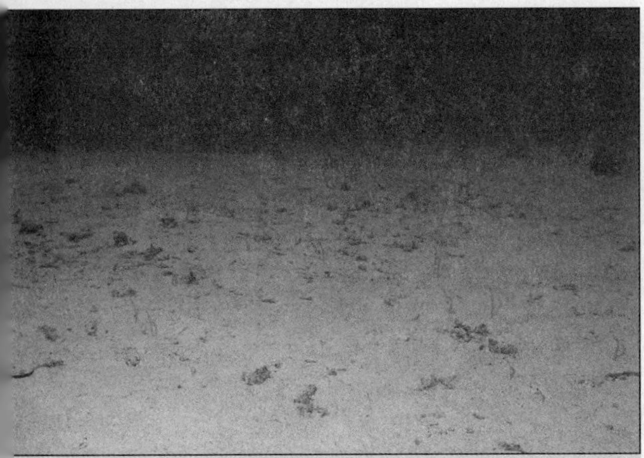
平坦的海底

隆或海沟相邻。

大洋盆地是大洋的主体，大多面积辽阔，深度2500～6000米不等。世界大洋的大洋盆地总面积占海洋总面积的45%，并且海盆底部发育深海平原、深海丘陵等地形。

6. 海沟与海槽

海沟是位于海洋中的两壁较陡、狭长的、水深大于5000米的沟槽，是大洋海底的一些最深的地方，最大水深达到1万多米。

海沟多分布在大洋边缘，而且与大陆边缘相对平行。地球上主要的海沟都分布在太平洋周围地区。世界大洋约有30条海沟，其中主要的有17条，属于太平洋的就有14条。环太平洋的地震带也都位于海沟附近。地球上最深、也是最知名的海沟是马里亚纳海沟，位于西太平洋马里亚纳群岛东南侧，深度大约11033米。1951年，英国“挑战者Ⅱ”号在太平洋关岛附近发现了它。

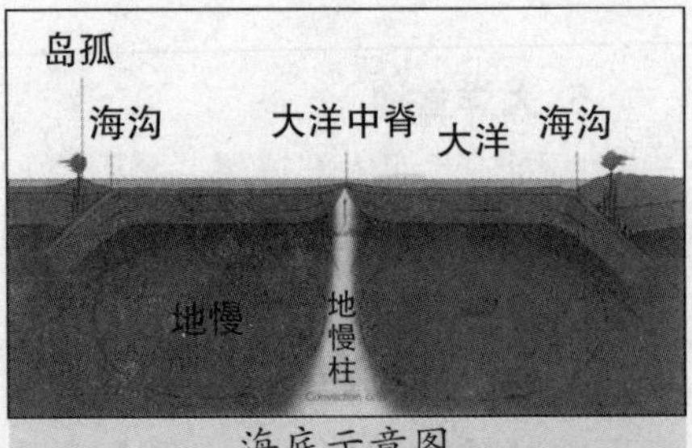

海底示意图

小于海沟，宽度较大，两坡或其中一坡较缓的长条状海底洼地叫作海槽。

7. 大洋中脊

大洋中脊又名中洋脊，是隆起于大洋底的中部，并贯穿整个世界大洋，为地球上最长、最宽的环球性洋中山系。在太平洋的部分，其位置偏东，称东太平洋海隆；在大西洋的中脊则呈“S”形，与两岸近于平行，向北延伸至北冰洋中；在印度洋的中脊分三支，呈“人”字形。三大洋的中脊在南半球互相连接，总长达8万千米，面积约1.2亿千米，占世界海洋总面积的1/3。大洋中脊的少数山峰露出于海面形成岛屿，如冰岛、亚速尔群岛等。

大洋中脊是现代地壳最活动的地带，经常发生火山活动、岩浆上升和海中地震，水平断裂广布。根据海底扩张和板块构造学说，大洋中脊是洋底扩张的中心和新地壳产生的地带。熔融岩浆沿脊轴不断上升，凝固成新洋壳，并不断向两侧扩张推移。扩张的速度为每年向两边各扩张 1 ~ 5 厘米。

海洋的深度

当人类文明尚未进入现代社会之前，对海洋深度直接观测的情况是怎样的呢？现有最古老的文字纪录大约是在公元前 100 年，希腊哲学家波西多留斯曾在撒丁岛海岸以外的地方测量过地中海的深度，测到的深度据说大约是 2 千米。然而，直到 18 世纪，科学家们为了研究海中生物，才开始对海洋的深度进行系统的研究。在 18 世纪 70 年代，丹麦生物学家 O.F. 弥勒发明了一种水底采样器，可以用来从海面下几米深的地方取出生物标本。

深海探险

你知道吗

海洋分几层

海洋的分层由表及里有以下几种：

1. 光合作用带：这是大洋最表层的水域，指从表面到 200 米的深处。

2. 中层带：第二层叫作“中层带”，从 200 米深一直延伸到 1000 米深。它又叫“暮色带”或者“中水带”，当光线穿透到这一层时已经相当昏暗。

3. 深层带：第三层叫作“深层带”，从 1000 米的深度延伸到 4000 米深。这里的可见光由那些发光生物产生，这里的水压巨大。

4. 深渊带：继续往下，就来到了“深渊带”，深度从 4000 米延伸至 6000 米。这里不仅黑暗，而且寒冷，水温接近冰点。

5. 深海带：深渊带以下的地方，又叫作“深海带”或者“超深渊带”。这一层从 6000 米深一直下降到 1 万多米，一般只有在海沟和海底峡谷中才能找到这么深的地方。

19 世纪 30 年代，英国生物学家小福布斯使用水底采样器取得了

海底电缆

显著成功，他从北海和不列颠群岛周围的其他海域中取出了海中生物。此后，1914年，他随一艘海军军舰前往东地中海，在那里从410米的深处采到了一条海星。植物只能生长于海水的最上层，因为阳光只能穿透大约70米深的海水。动物说到底必须依靠植物才能生存，因此，小福布斯认为，动物是不能在能找到植物的水深以下长久存活的。实际上，他认为深度410米大概是海中生物生存的极限，这个极限以下的海洋是贫瘠的，不可能有任何生物存在。然而，正当小福布斯做出这种判断的时候，英国探险家J.C.罗斯在南极洲海岸探险时，从730米深的海水中捞出了生物，远深于小福布斯的极限。但是，南极洲太远了，所以大多数生物学家还是接受小福布斯的判断。

当决定横越大西洋海底铺设一条电报电缆时，海底才第一次成为人类实际关心的事情(而不再只是少数科学家出于一种好奇心)。1850年，莫里在美国金融家菲尔德的坚决支持下，为铺设海底电缆而绘制了一张大西洋海底地形图。15年后，经过许多挫折和失败，大西洋海底电缆终于铺设成功。

这项工程的成功，标志着人类开始对海底进行系统的考察，这一切应该感谢莫里。莫里的探测表明，大西洋中间的水域比两边的浅。为了纪念这条电缆，莫里把中央浅的区域命名为“电报海台”。英国船“斗牛狗号”继续对海底进行考察并扩大了莫里考察的范围。“斗牛狗号”于1860年起航，船上的英国物理学家沃利克用海底采样器从大约2300米的深海中捞出13条海星。很明显，这些活蹦乱跳的海星不是死后沉到海底的。沃利克立即报告了这一情况，并认为即使没有植物，动物也可以在寒冷漆黑的深海中生存。然而生物学家仍不愿意相信这种可能性，直到1868年，苏格兰生物学家C.W.汤姆森乘坐一艘叫“闪电号”的船到深海去打捞，结果从深海中捞出了各种动物，于是争议结束了，小福布斯关于海中生物生存下限的说法被推翻了。C.W.汤姆森想测定海洋到底有多深，1872年12月7日他乘坐“挑战者号”出海，在海上航行了3.5年，航行距离合计12.6万千米。为了测量海洋的深度，“挑战者号”采用了人们长期使用的方法，将长6.4千米缆索的一端系上一个重物，再把缆索放入海中直接到达海底，当时除此以外没有更好的方法。“挑战者号”就这样在370个地方测量了海洋的深度。遗憾的是，这种方法既费力又不精确。

1922年，当利用声波的回声测深法被发明出来时，对海底考察的历史终于发生了革命性的改变。

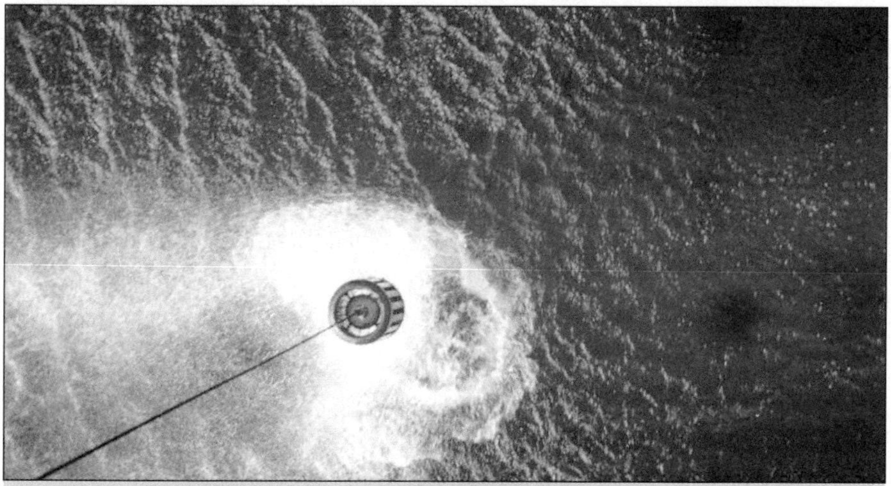

测深度的声呐仪器

第一艘使用声呐的船——“流星号”是德国的海洋调查船。1922年，这艘船对大西洋进行了调查。到1925年时，人们已经清楚地知道，海底绝不是毫无特征与平坦的。莫里的“电报海台”也不是一种平缓起伏的高地和低地，实际上它是一条山脉，比陆地上的任何山脉都长和崎岖不平。这一山脉在整个大西洋洋底蜿蜒延伸，其最高的一些山峰突出海面，形成像亚速尔群岛、阿森松岛以及特里斯坦—达库尼亚群岛那样的岛屿，人们称之为大西洋中脊。随着时间的推移，人们陆续发现了其他更加惊人的事实。夏威夷岛是一条水下山脉的顶部，从山脉的海底测量约高达1万米，比喜马拉雅山脉的最高峰还要高，因此，完全可以把夏威夷称为地球上最高的山。在海洋底部还有许多平顶火山锥，称之为海峰或海底平顶山。海底平顶山的名称是为了纪念瑞士血统的美国地理学家几岳而用他的名字命名的。1848年，在他移居美国时把科学的地理学带到了美国。第二次世界大战期间，美国地质学家H.H.赫斯首先发现了海峰，他接连测定出19座海峰的位置。在海底至少有1万座海峰，大部分在太平洋。1964年，在威克岛正南发现了一座海峰，高达4300米。另外，在浩瀚海洋的底部还密密麻麻地分布着数不清的大大小小的海沟，世界上最深的海沟——马里亚纳海沟，深达1.1万多米，即使是世界最高峰珠穆朗玛峰放在其中，也绝不会露出海面。海沟都位于各个群岛的边缘，总面积约占全部海底面积的1%。这看起来似乎不多，但实际上却相当于美国面积的一半，海沟的含水量是陆地上全部河、湖总含水量的15倍。

除海沟外，海底还密密麻麻地分布着大大小小的海底峡谷。有时海底峡谷长达几千千米，看上去像是河道。有些海底峡谷似乎确实是陆上河流的延伸，有一条峡谷明显地从哈得孙河延伸到大西洋。20世纪60年代，对印度洋进行了海洋调查，结果仅在孟加拉湾就找到了至少20多条这样的大沟槽。于是有人认为，这些海底峡谷曾经是陆地上的河床，当时印度洋的水面比现在低。但是，到现在为止，有些水下河道仍然处在海平面以下，似乎完全不可能曾经高出过海面。后来，许多海洋学家，尤其是尤因和希曾提出了另外一种理论。他们认为，海底峡谷是由浊流挖成的。这种浊流是一种沿着近海大陆坡发生的、每小时96千米、雪崩塌式、充满泥沙的水流。

印度洋上的岛屿

另外，在地壳中还发现有以很深的裂隙出现的断层，断层的一盘岩石紧贴在另一盘岩石上，定期地进行滑动，从而造成地震。这些断层也出现在板块的边界上或板块边界的分支上。在所有这样一些断层中，最有名的是圣安德烈斯断层，它从旧金山到洛杉矶沿着整个加利福尼亚州海岸延伸，是美洲板块和太平洋板块之间边界的一部分。

息息相关：海洋与光度

太阳光不仅给人类带来了光明，也带来了温暖，就连人们所吃的食物，如粮食、蔬菜、水果等，也同样离不开太阳光的照耀。那么，对于海洋来说，太阳光有什么作用呢？

首先，太阳光可以使海洋动物和潜水员在水下也能看见东西，要是没有太阳光的辐射，即使是在浅海中也只能是漆黑一片，美丽的海底世界也就不复存在了。其次，太阳光还会影响海水的温度、海流和海水的蒸发等。由于进入海面和水下不同深度光线的能量有所不同，海水的温度也就不均匀了。可别小看太阳光对海水温度影响这个问题，它可是直接影响到海水流动以及海水分布的重要因素。另外，太阳光还是海洋植物进行光合作用的必要条件，它调节着一切海洋植物光合作用的速度，而这些海洋植物又是

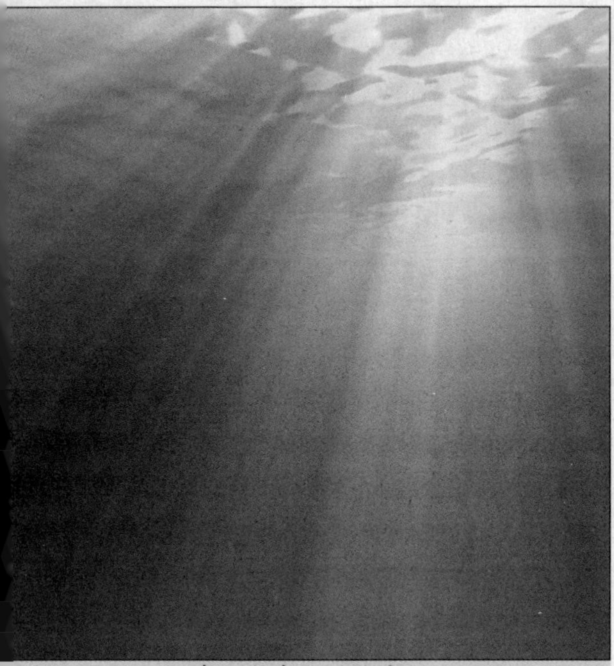

有阳光渗入的海底

所有海洋动物直接的或间接的食物来源。

因此，太阳辐射不仅影响着海洋植物的生长和分布，对海洋动物的生活、繁殖和洄游也有重大的影响。

那么海洋可以吸收多少太阳能呢？

海洋占地球总面积的71%，那么，是不是可以说，太阳辐射到地球的总能量的71%被海水吸收了呢？这倒也不是，因为海水是一种半透明的介质，太阳光到达海面时一部分被海面反射，另一部分经折射后进入水中，所以，到达海面的太阳能并不会被海洋全部吸收。

海洋的不同区域对太阳能的吸收和反射是不同的，平均来说，海洋的反射能力约为35%。在热带地区，海洋对太阳辐射的吸收最大，约为90%，相应地反射约为10%，这主要是因为热带的天空通常无云，而且光线几乎是垂直入射的。与热带相反的是，北极地带是反射能力高而吸收能力低的地区，因为北极地带海面几乎全年覆盖着冰层，天空经常多云，光线也是接近平行地入射到海面。在北极地区，太阳辐射的60%以上，有时甚至是80%会被海洋表面的白色冰雪反射回来。因此，北极海水的温度比较低，积雪也不易融化，有些地方甚至长年被冰层覆盖。

实际上，入射到海洋表面的太阳光，一部分被反射回空气中，一部分折射到海洋中，也就是说，只有一部分太阳辐射能进入大海。进入海水中的太阳光，受到海水的作用将严重衰减，所以它不可能传播得很远。即使是在最纯净的水中，这种衰减也是很厉害的。引起衰减的原因有两个，一个是吸收，另一个是散射。

光能在水中损失的过程就是吸收。其实，吸收也存在不同的物理过程：有些光子是在它的能量变为热能时损失的，有些光子被吸收后由一种波长的光变为另一种波长的光。而发生散射时，光子并没有消失，只是光子前进的方向发生了变化，不再是向下传播，这样一来能够到达海洋深处的光线也就减少了。研究表明，60%以上辐射来的太阳能是被海水表面厚度为1米的表层水所吸收的，而80%以上辐射来的太阳能是被10米深的表层水所吸收的，只有1%的光线能到达100米的深度。所以，除了浅海，太阳光根本无法到达海洋的底部。

没有阳光的深海，给人类探索海洋、开发海洋带来了许多的困难，比如在深海作业时，人们必须使用人工光源照明。当然，人类凭借自身的智慧，将阳光引进到深海里也不是不可能的。据报道，日本人已经利用光纤成功地将阳光引到了浅海海底，以增加海洋牧场中的光照量。

那阳光穿透海洋的最大深度是多少呢?

潜水员拍到的深海阳光

爬山的时候有没有感觉到山顶与山脚的阳光有什么不同？其实，在陆地上高度相差几百米的地方光强是不会有太大差别的。那么，海洋中的情况是不是与陆地上一样呢？

由于阳光在海水中的衰减要比在空气中大数千倍，所以海洋中的情况就有所不同。海洋表面和海洋深处的光强相差很大，而且这种差别和太阳的位置、不同的海域等因素密切相关。通常，太阳光只能到达水下几米或几十米深的地方，但在太阳当顶和大气条件理想的时候，在某些清澈的海域太阳光也能达到几百米的深处。例如，在大西洋的亚速尔群岛海域，人们发现在500米深处还能观察到微弱的蓝绿光，在800米深处还能看到非常微弱的、蓝色的光。

上面只是用肉眼观察到的情况，而用仪器记录到的阳光穿透海洋的最大深度大约是1000米，当然此时只有极少量的紫外线了。科学家发现，在深度大于1000米的地方，即使将灵敏度很高的感光底片曝光两个小时，也丝毫觉察不出光线的存在。所以，我们说阳光能穿透海洋的最大深度是1000米左右。

其实，阳光穿透海水的深度主要受以下几个因素的影响，即到达

阳光明媚的海洋

海面光线的强度、进入海水中光线的强度和海水对光线的衰减程度等。决定海水衰减程度主要的因素是海水的浑浊度，即悬浮在海水中的固体微粒量，包括沉积物和微生物。海水中的小颗粒越大越多，微生物就越多，海水就越浑浊，阳光穿透海水的深度就越小。

另外，太阳在地平线上的高度也具有很大的影响，它不但决定了到达海面光线的强度，还决定了入射的角度。比如，正午的太阳光最强，而且又是垂直入射，所以正午的阳光穿透海水最深。当然，天气条件和辐射的波长也起着重要的作用。谁都知道，阳光在万里无云的晴天要比乌云密布的阴天更容易到达海面，自然进入海水的光线也就更多，穿透的深度也就更大。还有一个重要的因素，那就是由于海水对不同波长光的吸收能力不同，具体来说，在海水中长波部分衰减较快，短波衰减则比较慢，也就是红光衰减得比较快，蓝绿光则衰减得比较慢，所以不同颜色的光线穿透海水的能力也不相同。

你知道吗

什么颜色在水中最容易被辨认

实际上，人眼对不同颜色的敏感程度是不一样的，在水中，尽管人眼对最敏感的颜色没有什么变化，但是由于海水的吸收，人们看到的颜色和物体的实际颜色是有差别的。实验表明，在自然光照明的情况下，如果背景是水，则对于在最远可观察距离附近的目标物来说，在港口附近的浑浊水中最容易辨认的颜色是白、黄、橙和红色，而在外海水中则是黄、绿、蓝、橙色。有荧光涂料时，港湾中最容易辨认的颜色是橙色，沿岸水是绿色和橙色，而外海水则是绿色和白色。

因此，海岸和海上工作人员使用的救生衣一般都选用橙黄色，除了比较容易识别以外，它还可以避免鲨鱼的侵害呢？

海水的透明度

海水并非都是清澈透明的。有些地方的海水十分清澈，阳光可以穿过很深的距离；另外一些地方，海水比较浑浊，阳光只能照射很短的距离。为了表示不同海域的海水能见程度，科学家引进了透明度的概念，顾名思义，透明度就是表示海水透明程度的一个量，它是衡量海水光学性质的一个简单而又重要的参数。

海水的透明度是怎样测量的呢？要测量海水的透明度首先必须准备一个白色圆盘，圆盘的直径为30厘米，什么材料都可以，但要保证它能沉入水中，这种圆盘通常被称为透明度盘。再在圆盘上面系上一根长绳子，并在绳子上做好长度标记。然后就可以把圆盘小心地放入水中，并让它缓慢地向下沉，千万要注意保持圆盘与水面平行。始终注意观察沉入水中的白色圆盘，当它刚好看不见时，记下圆盘在水中的深度，这就是该处海水的透明度，也叫能见度深度。

早在1804年，美国海军就发明了这种测量透明度的方法。当年，美国海军士兵在一艘名叫“总统号”的巡洋舰上，把一只白色瓷盘系在测深用的绳索上，沉入水中，直到44米深处这只白瓷盘才看不见了。这恐怕就是最早的透明

清澈透明的海水

度测量记录了。

用透明度盘测量海水透明度虽然简便、直观，但也有不少缺点，往往会受一些客观和主观因素影响，比如受海面反射光的影响，受观测者眼睛高度的影响，还与眼睛的近视程度有关等，因此，测量结果不可能十分准确。而且透明度盘只能测出垂直方向上的透明度，不能测出水平方向上的透明度，测量结果不够完整。

为了更准确、更全面地测定海水的透明度，科学家研究设计了一种专门的仪器。该仪器内装有先进的光电管、集成电路，甚至微型计算机，可以得到海水透明度更准确的数据。它还可以测量太阳光从海面穿透海水的光通量，得到水下照明度的测量结果。如果在仪器中安装一个自带的光源，还可以测出光线通过一定厚度水层的光能量，经过计算就可以得到海水本身的透明度值了。当然，这种仪器不仅能测量海水的垂直透明度，还能测出它的水平透明度。除了一些简单的测量外，现在广泛使用的都是这种光电测量的方法。

离水面越近的地方就能看得越远吗？

我们知道，在水下离水面越近的地方光线就越好，那么，在水下是不是离水面越近的地方能见度就越高，看得就越远呢？事实上，答案并不像我们想象得那么简单。曾经在法国布勒斯特港西南方向沉没的“伊吉普特”号船上工作过的意大利潜水员报告称：在 20 米深以内能见度比较低，然而，随着深度逐渐增加，能见度又慢慢地好起来。沉没的船只到达 120 米深处时，光

波光粼粼的海面

深海中的鲨鱼

线虽然很微弱，但是能见度却能达到2米左右。

为什么会有这种“反常”的现象呢？其实产生这种现象的原因很简单，主要是因为靠近海面的表层海水中常有许多悬浮物，如浮游生物、微生物等。这些浮游生物就像空气中的沙尘暴一样，对光线有很强的散射作用，会明显地降低海水的能见度。这些浮游生物和微生物都喜欢生活在温暖的海洋表面，正是它们严重地影响了海洋表层的能见度。随着深度的增加，水温逐渐下降，这些生物越来越少，海水变得更加清澈透明，所以能见度又会慢慢增加。但如果深度进一步增加，海水又会因为缺少阳光而变得一团漆黑。可见，在一定的深度范围内，海洋深处的能见度有时确实会高于表层的能见度。

我国的海域包括渤海、黄海、东海和南海四个部分。据海洋工作者实际测量，这些海域的海水透明度各不相同。总体来说，从北向南，透明度越来越高。渤海是我国的内海，由于有机物比较多，生物繁殖茂盛，再加上沿岸江河泥沙的影响，海水透明度比较低，只有3～5米。黄海地区的海水透明度略高于渤海，为3～15米。东海地区可以达到25～30米。位于最南端的南海海域其海水透明度大都在30米以上，海水十分清澈透明。

其实，海水透明度不仅是海洋光学中的重要参数，也是反映海洋污染程度的重要指标。通过长期定时、定点的测量，人们就可以掌握海洋污染的第一手资料，为最终消除海洋污染提供科学依据。

你知道吗

世界上什么地方的海水透明度最高

生活在海边的人都知道，海水并不像人们想象得那么清澈、透明，有时在海水很浅的地方也会看不到海底。这与长期的海洋污染有关。人们把大量未经处理的工业和生活污水、污物排入海中，海港码头的轮船也会造成许多污染，再加上被江河带入海中的泥沙，这些都影响了近海的海水透明度。因此，海水透明度的高低也是一个国家环境质量的重要标志。

复杂多变：海洋的温度

海洋的热量平衡决定着海水的温度。

我们知道，不同的城市、不同的季节，气温总是各不相同的。其实海洋中的情况也是这样，不同海域的温度往往各不相同，同一海域不同深度的海水温度也会有所不同。由于研究海水的温度及其分布规律对于研究海洋、开发海洋和利用海洋都有着十分重要的意义。所以，多年来海洋科学家们对于这一研究领域一直保持着浓厚的兴趣。这是因为，从海洋本身来说，几乎所有海洋现象都与海水的温度有关。

在军事上，潜艇的活动、鱼雷的发射等受海水温度的影响是很大的。强大的温度跃层常给潜艇的下沉和航行带来困难，上下层水温的差异会直接影响鱼雷的使用效果。

在气象上，海水温度的高低对于水面上的大气状况有着决定性的影响，比如，台风仅能在热带海洋发生，其中温度就是关键因素之一。

在海洋捕捞中，温度的影响就更为明显。由于鱼类不能调节自身的体温，其栖息场所常被水温所左右。许多鱼类都有其最适宜的温度范围，比如，秋刀鱼最适宜的温度范围为13.0℃～19.2℃，鲸鱼为13.0℃～20.2℃，沙丁鱼为12.0℃～18.2℃等。根据鱼类的这种特性，选择在最适温范围内进行海上作业，捕获量就可大大提高。

在世界大洋范围内，同一时间不同地点或者同一地点不同时间，海水的温度往往各不相同。由于海水的温度随着地理位置的不同、季节的更替，甚至太阳位置的变化而时刻变化着，所以研究海水温度的变化范围及其平均值是十分必要的。

海洋中水温变化的幅度从－2℃～30℃。海水的最低温度，就是海水

海洋潜艇

结冰的温度；而最高温度，则决定于太阳辐射过程以及海水与大气之间进行热量交换的各种过程。在被陆地所包围的海区中，海水的表面温度也可能比上述最高值更高，但在大洋以及大部分浅海中，就很少有超过30℃的。在海洋深层，温度一般都很低，大体在-1℃～4℃之间。

温暖的夏日海洋

海洋中大部分水的温度是相当一致的：75%的海水温度在0℃～6℃之间，50%的海水温度在1.3℃～3.8℃，整体水温平均为3.8℃。其中，太平洋水温平均为3.7℃，大西洋水温平均为4.0℃，印度洋水温平均为3.8℃。

当然，世界大洋中的水温因时因地而异，比上述平均状况要复杂得多，而且很难用数学公式来描述。因此，通常借助平面图、剖面图，用绘制等温线、垂直分布曲线、时间变化曲线等方法加以描述。

我们知道，不同海域、不同季节的海水温度是不一样的，那么，是哪些因素影响着海水的温度呢？

地球获得的能量主要来自于太阳，每年它在大气外界从太阳吸收的总热量，基本上与同一时期内排放到宇宙中去的总热量相等，否则整个地球的温度就会发生变化。对于海洋，情况也是这样。由于整个海洋的年平均温度几乎没有什么变化，所以平均而言，整个海洋中的热量收支也是平衡的。海洋中的热量收支状况是影响海水温度的根本原因，海水吸热导致温度升高，放热就会引起温度下降。科学家发现，海水吸收的热量主要有四个方面的来源，即太阳辐射的能量、地球内部经过海底地壳传给海水的热量、海水中的放射性物质衰变时发出的热量和除太阳以外的其他天体产生的辐射能量。在这四种因素中，最主要的是太阳辐射，海水所吸收热量的99%都来自它。海面辐射、海水蒸发和由海水传导给空气热量是海水放热的主要方式。

就太阳辐射而言，它随太阳的高度、距离、照射角度、大气吸收及太阳黑子活动状况等因素发生变化，所以不同季节、不同海域的

夏日海岛风情

海水从太阳辐射中吸收的热量相差很大，海水温度自然也就各不相同了。

当然，在海洋内部海流对海水的热交换也起着十分重要的作用，对海水温度的影响也十分明显。

你知道吗

海水的成分

海水的成分是很复杂的。组成海水的物质大致可分为三类：溶解物质，包括各种盐类、有机化合物和溶解气体；气泡；固体物质，包括有机固体、无机固体和胶体颗粒。在海水的成分中，约97％是水，约3％是溶解于水中的各种化学元素和其他物质。

溶解于海水中的化学元素有80余种，除氢和氧外，每升海水中含量在1毫克以上的元素有氯、氟、溴、碳、钠、镁、硫、钙、钾、锶、硼11种，一般称为“主要元素”，其总量占海水总盐分的99.9％以上。每升海水中含量在1毫克以下的元素，叫“微量元素”。除以上两类元素外，海水中其余的元素称为营养元素，一般是指硅、磷和无机氮化合物。

表层海水的温度在一天中并不是恒定的，每天有2℃～3℃的变化。水温在上午4～8点为最低，而在下午2～5点时达到最高。那么，海水的温度为什么会有这种变化呢？

这是因为海洋表层的热能会在夜间辐射到空气中，致使水温逐渐下降，直到日出；但太阳在刚刚升起时，日光大部分被海面反射，海水的吸热量还是小于放热量，温度仍然会持续下降；随着太阳的升高，辐射能逐渐增加，海水的吸热与放热相等，此时水温最低；其后随着辐射能的增加，水温也就开始持续上升了。日照在正午前后辐射能最大，以后便逐渐减弱，但因为此时太阳还有一定的高度，日照也较强，海水吸热依然比放热多，所以仍持续升温，直到日照逐渐减少，使海水吸热与放热相等，这时水温才达到最高值；然后又开始下降，降温过程再持续到第二天的日出以后。

因此，海水的温度并不是中午时最高。随着夏季的到来，海水每天总的吸热量比放热量大，平均水温也就一天比一天高；而接近冬季时，又会一天一天地降低。这就是水温的年变化。当然，这种变化只局限于很薄的表层海水。

南极和他的主人——企鹅

大洋表层水温的分布，主要决定于太阳辐射的分布和大洋环流两个因素。当然，在极地海域，结冰与融冰的影响也是十分明显的。

事实上，表层水温的分布十分复杂、多变，这里所说的只是它最明显的特点罢了。

那么在海洋的不同深处，温度是否相同呢？总的来说，海水的温度是随着深度的增加而呈不均匀递减的，也就是说，通常表层海水的温度较高，随着深度的增加，海水的温度会逐渐降低。

事实上，低纬度海域的暖水只限于薄薄的表层之内，下面便是温度随深度的增加而迅速减小的温度跃层。在温度跃层以下，水温随深度的增加而减小的速度明显变慢。因此，可以认为海水是以温度跃层为界，其上为水温较高的暖水区，

冰天雪地的北冰洋

其下是水温变化很小的冷水区。

在暖水区的表面，由于风、浪、流等因素的作用，引起强烈湍流混合，从而形成了一个温度近乎均匀的混合层。混合层的厚度在不同的海域、不同的季节是有差别的。通常，在低纬度海区，混合层的厚度不超过 100 米，赤道附近只有 50 ~ 70 米。到了冬季，混合层的厚度就会加大，即使是在低纬度海区也能达到 150 ~ 200 米。

温度跃层受季节的影响更为明显。夏季，由于表层水温大幅升高，可以形成很强的温度跃层；冬季，由于表层降温，海水对流，混合层向下扩展，从而导致温度跃层减弱甚至消失。

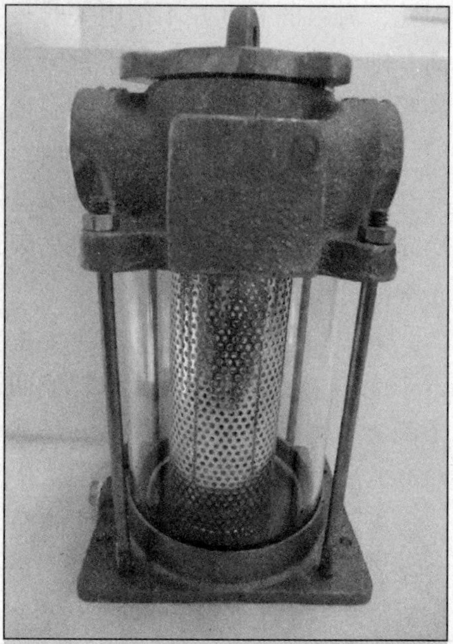

海水过滤器

盐度与密度

海水的味道又苦又咸，不能直接饮用，这是因为海水中含有许多溶解盐类，目前已知的物质有 80 余种，其中 11 种含量较大，而其他的含量都很小。

科学家们发现，不同海域的海水所含溶解盐的多少是不一样的。为了比较这种差别，人们引进了盐度的概念。所谓盐度就是海水中含盐量的浓度，它标志着海水含盐的多少，通常用每千克海水中所含盐的克数来表示 (克 / 千克)。海水的平均盐度为 35。

盐度是海水的重要物理性质之一，它不仅会影响海水的压力、浮力等参数，甚至声波、电磁波等在海水中的传播情况也会受其影响。

在很多年以前，海洋学家们就已经对海水中的物质进行了全面研究。他们发现不同海域的盐度相差很大，但就其平均值来说，世界海洋的平均盐度约为 35。如果将范围再缩小一点来看，就会发现世界各大洋盐度平均值也不相同，其中大西洋最高，为 34.90；印度洋次之，为 34.76；太平洋最低，为 34.62。

海洋的平均盐度是35，这是一个什么样的概念呢？就是每千克海水中含有35克盐。你可千万别小看这35克，其实海洋中所含的盐的总量足以覆盖地球表面所有的大陆，而且厚度高达150米。可见海水的盐度虽然不高，但总量却十分惊人。

所谓密度就是指单位体积内所含物质的质量。众所周知，淡水的密度是1克/立方厘米，那么海水的密度是多少呢？测量表明，海水的密度通常在1.01000 ~ 1.03000克/立方厘米之间。海水的密度之所以要比淡水的密度大一些，主要原因是海水中含有许多溶解盐类。

科学家们还发现，在温度降低、盐度增加或压力加大的情况下，海水的密度就增加。换句话说，海水的密度随盐度、温度、压力的变化而变化。为了比较不同海水的密度，我们通常所说的海水密度都是指在15℃、一个标准大气压条件下的密度，并将这一条件下的密度称为标准密度。

海盐

你知道吗

哪里的海水密度最大

海水的密度与海水的温度、盐度以及压力等因素有关，具体来说，在温度降低、盐度增加或压力加大的情况下，海水的密度就增加；反之，海水密度就减小。

尽管海水密度的绝对数值相差不大，但是相比之下还是有密度最大和最小之分的。那么，到底哪里的海水密度最大呢？科学家们发现，海水密度最大的地方在南极，比如格陵兰海的密度达1.028克/立方厘米以上。这是因为那里不但水温低，而且盐度高。结冰时，剩下的海水盐度更高，密度也就更大了。

相反，在赤道附近海域，由于海水温度高，而且盐度也较低，因而表层海水密度最小，约为1.023克/立方厘米。

古希腊科学家阿基米德早就发现，浸在液体里的物体所受到的浮力等于它所排开液体的重量。我们不妨假设一下，如果有一艘轮船从长江口进入大海会有什么情况发生呢？很明显，无论是在长江还是在大海，同一艘轮船所需要的浮力都是一样的，都等于它的重量，不同的是需要排开液体的体积不同，由于海水的密度稍大于淡水的密度，所以只要排开较少体积的海水就能获得同样的浮力，也就是说，轮船从长江进入大海时船体会略微上浮一些。

虽然不同海域海水的温度、盐度和压力都可以有很大的差别，但是，海水的密度随时间和空间的变化都很微小，我们甚至可以近似地认为海水的密度处处相等。

在水面上漂浮的竹排

既然这样，科学家们为什么还要精确地测定海水的密度呢？事实上，只要海水的密度有微小的差异，就足以使海水产生运动，甚至形成强大的海流。因此，要研究海水的运动规律，就必须精确地测定海水的密度。正是因为海水的密度变化甚微，所以测量时必须准确到小数点后的5位数字，否则就可能无法比较两地海水密度的差别了。

在密度变化较大的近岸水域，通常利用液体比重计来直接测定表面海水的密度。对表面以下的海水，能不能也用这样的方法来测量呢？

事实上，如果采用将深处的海水取出，再进行直接测定的办法，那么，由于温度和压力条件的改变，测量结果必然存在很大的误差。因此，在需要高精度确定海水密度的大洋中，密度不是通过直接测量来获得的，而是通过测量温度、盐度和深度（压力）等参数，再根据一定的公式进行计算而得到的。这种方法虽然复杂烦琐，但是准确可靠。

第二节　多姿多彩的海洋气候

海洋气候带与水循环

1. 海洋气候带

大自然真的很神奇，用诸多生物将地球装点得十分有生气；它又像一位技艺高超的化妆师，根据海洋气候东西纬向分布的相似性，以及海洋气团和气候锋区的活动范围，将世界大洋从赤道到两极精心梳理成几个东西环绕、南北相间的气候带。从赤道向两极，气候带分别为赤道海洋气候带、热带海洋气候带、副热带海洋气候带、温带海洋气候带、寒带海洋气候带和极地海洋气候带。各个气候带之间温湿有别，形成了多姿多彩的海洋气候特色。

热带海洋气候

赤道海洋气候带位于赤道南北纬 10° 之间，是赤道海洋控制的地带。这里大部分是广阔的海洋，太阳辐射最强，空气以受热后的上升运动为主，水平风力微弱，长年受赤道海洋气团控制，形成相对稳定的气候带。这种气候带没有季节之分，终年热而潮湿，常年多雨。

你知道吗

英国独特的气候

英国的气候属于温和湿润的海洋性气候，这里虽然气候温和，但天气多变。人们常用“国外有气候，英国只有天气”这句俗语来说明这里天气的变化莫测。的确，在一日之内，忽晴忽阴又忽雨的情况并不少见。在这里，如果你看到一位英国人在阳光明媚的早上出门时带着雨伞，可能会感到可笑，但是不久以后，你就会为自己的“感到可笑”而后悔。

热带海洋气候带在副热带高压带向赤道一侧的信风带的位置上，是热带海洋气团盛行的地带。这里是热带气旋生成和活动的海区，有大量对流云组成的热带云团，形状像爆米花，常出现大风和暴雨。

在热带海洋气候带和温带海洋气候带之间的就是副热带海洋气候带，这里是信风带和西风带交替控制的地带。该气候带夏季晴朗少雨；冬季多风暴天气。

温带海洋气候带是中纬度海洋季节变化比较显著的地带，和西风带的位置相当，位于副热带海洋气候带和寒带海洋气候带之间。这里终年盛行西风，风力强劲；气温变化和缓，冬无严寒，夏无酷暑，春温低于秋温，四季分明；全年湿润，降水较多，气旋活动频繁。

海洋气旋

2. 水循环

自然界里的水时刻都在不停地运动着，在太阳光的照射下，海洋中的水汽不断蒸发上升，凝结成云。当云中聚集的水汽太重时，就会下降成雨或雪落到地面上滋润万物，然后雨水又随着河流重新回到海洋里，水这种周而复始的活动就是水循环。水循环分为海陆间循环（大循环）以及陆上内循环和海上内循环（小循环）。

水是一切生命机体的组成物质，是生命代谢活动所必需的物质，它是人类进行生产活动的重要资源。而地球上的水分布在海洋、湖泊、沼泽、河流、冰川、雪山以及大气、生物体、土壤和地层中。无论水分布在哪里，它们一刻都不会停止流动，进行着周而复始的循环。

在太阳能和地球表面热能的作用下，从海洋蒸发出来的水蒸气，被气流带到陆地上空，凝结为雨、雪、雹等落到地面，一部分被蒸发返回大气，其余部分成为地面径流或地

大海

下径流等，最终回归海洋。这种海洋和陆地之间水的往复运动过程，称为水的大循环。

海上内循环是指海洋面上的水蒸发成水汽，进入大气后在海洋上空凝结，形成降水又回到海洋的局部水分交换过程。海上内循环和陆上内循环都是仅在局部地区进行的水循环,它们称为水的小循环。其实，环境中水的循环是大、小循环交织在一起的，并在全球范围内和在地球上各个地区内不停地进行着。

在水循环过程中，降水、蒸发和径流是最主要的环节，这三者构成的水循环途径决定着全球的水量平衡，也决定着一个地区的水资源总量。其中，蒸发是水循环中最重要的环节之一。由蒸发产生的水汽进入大气并随大气活动而运动。大气中的水汽主要来自海洋，一部分还来自大陆表面的蒸发和散发。大气层中水汽的循环是蒸发—凝结—降水—蒸发的周而复始的过程。海洋上空的水汽可被输送到陆地上空凝结降水，称为“外来水汽降水”；大陆上空的水汽直接凝结降水，称为“内部水汽降水”。

那什么因素会影响水循环呢？具体可分为两个方面：一个是自然因素，另一个是人为因素。自然因素主要有气象条件，如大气环流、风向、风速、温度、湿度等，还有地理条件，如地形、地质、土壤、植被等；人为因素对水循环也有直接或间接的影响，人类活动不断改变着自然环境，越来越强烈地影响着水循环的过程。人类构筑水库，开凿运河，以及大量开发利用地下水等，改变了水的原来径流路线，引起水的分布和水运动状况的变化。农业的发展，森林的破坏，引起蒸发、径流、下渗等过程的变化。

水循环是联系地球各圈和各种水体的“纽带”。它是“调节器”，调节了地球各圈层之间的能量。水循环还是“雕塑家”，它通过侵蚀，搬运和堆积，塑造了丰富多彩的地表形象。更重要的是，通过水循环，海洋不断向陆地输送淡水，补充和更新陆地上的淡水资源，从而使水成为可再生的资源。

你知道吗

中国的水循环有几个系统

陆地上（或一个流域内）发生的水循环是降水—地表和地下径流—蒸发的复杂过程。陆地上的大气降水、地表径流及地下径流之间的交换又称三水转化。流域径流是陆地水循环中最重要的现象之一。中国的大气水分循环路径有太平洋、印度洋、南海、鄂霍茨克海及内陆五个水分循环系统。它们是中国东南、西南、华南、东北及西北内陆的水汽来源。西北内陆地区还有盛行西风和气旋东移而来的少量大西洋水汽。

潮汐

你知道吗？大海也像人一样会呼吸。当你来到海边，那一起一伏的海浪就会涌向岸边，飞溅起朵朵浪花。沙滩被海水浸没，几个小时后，海水又悄悄退隐。这就是大海有节奏的呼吸，海水按时涨落，天天如此，年年不变，这种有规律的海潮就是海洋中的潮汐现象。

潮汐与月亮

凡是到过海边的人们，都会看到海水有一种周期性的涨落现象：到了一定时间，海水迅猛上涨，达到高潮；过后一些时间，上涨的海水又自行退去，留下一片沙滩，出现低潮。如此循环重复，永不停息。海水的这种运动现象就是潮汐。广义的潮汐应包括海潮和气潮，它们是一个统一的整体。由于海潮现象十分明显，且与人们的生活、经济活动、交通运输等关系密切，因此习惯上将潮汐一词狭义理解为海洋潮汐。

海洋为什么能遵守时间的涨落呢？

原来，这是月亮和太阳对海水的吸引造成的。宇宙中一切物体之间都是相互吸引的，引力的大小同这两个物体质量的乘积成正比，同它们之间距离的平方成反比。月亮和太阳对地球的引力，在陆地和海洋两部分的任何一点上都是一样的。但是，由于陆地地面是固体的，引力带来的表面变化不容易看出来，而海水是流动的液体，在引力的作用下，它会向吸引它的方向涌流，所以形成明显的涨落变化。

太阳虽然比月亮大得多，可是它和地球之间的距离毕竟太远了，所以月亮对海水的吸引力要比太阳大得多。海水涨落的主要动力是月亮的引力。地球上，面对月亮的这一面接受月亮的引力，引力的方向是指向月亮中心的。而背着月亮的一面，则产生了相应于引力的离心力。引力和离心力都会引起海水涌流方向的变化，造成不同海区水位不同的变化，使得面对月亮或背着月亮的地球两侧的海洋水位升高，出现涨潮；与此同时，位于两个高潮之间部位的海水，由于向涨潮的地方涌去，便会出现落潮。这就是说，世界各地的海洋，具体的方位不同，涨潮和落潮的时间是不同的。

涨潮

你知道吗

海水分几个潮

从某一时刻开始，海水水位(潮位)不断上涨，这一过程叫“涨潮”。海水上涨到最高限度，就是“高潮”。这时，在短时间内，海水不涨也不落，叫“平潮”。平潮之后，海水开始下落，这叫“退潮”。海水下落到最低限度，即低潮。在一个短时间内出现不落不涨，叫作“停潮”。

地球在不停地自转，对某一个地方来说，每天都要面向月亮一次和背向月亮一次，所以一般来说，要出现两次涨潮和两次落潮。太阳对海水的引力虽然小，可是也有一定的影响。主要由于月亮的引力而引起的潮汐现象，因为太阳引力的参与，太阳引力和月亮引力共同发挥作用，就使得海水的涨落过程变得复杂了。

在中国海区，农历每月初一或十五的时候，地球和月亮、太阳几乎在同一条直线上，日、月引力之和使海水涨落的幅度较大，叫大潮；而当农历初八和二十三的时候，地球、月亮、太阳三者之间的相对位置差不多成了直角形，月亮的引力要被太阳的引力抵消一部分，所以海水涨落的幅度比较小，叫小潮。涨潮落潮的次数，潮的大小，还要受海岸地形、气候等各种因素的影响。

所以，有的地方一天有两次涨潮，两次落潮；有的地方只有一次涨潮，一次落潮；前者叫半日潮，后者叫全日潮。还有的地方潮水涨落情况要更复杂一些。如果两个相邻的高潮之间和相邻的低潮之间，时间不均等，这叫作混合潮。

钱塘江大潮

我国海区杭州湾的钱塘江潮，就是由于受海岸地形的影响而形成的一种特殊类型的涌潮。钱塘江口宽100千米，而江道河面仅宽四五千米，呈喇叭口状。涨潮时，海水溯河而上，受两岸渐狭的江岸束缚，形成涌潮。河口底部因泥沙沉积而隆起形成的“沙堤”，更激起潮水上涌，形成雄踞江面的一道水墙，怒浪排空，如万马奔腾，十分壮观。

人们认识了海水按一定时间涨落的规律，就可以利用潮汐的能量，修建电站，提供无污染的能源。利用潮汐发电，在世界上已经比较普及，规模大小不等的潮汐电站，在世界各地都已有修建。法国朗斯河口的潮汐电站于1961年开始建设，1967年竣工，发电能力24万千瓦。我国在山东省乳山市等不少地方，也成功地修建了潮汐电站。

潮汐这一神奇的海洋现象，引出了古今中外许多美妙的神话传说，同时也引起了众多科学家研究探索的兴趣。我国是历史上研究、探索、揭示潮汐之谜的最早国家之一。在先秦文献里，就有潮汐的记载。东汉时期的著名哲学家王充，对许多自然科学问题有独到的见解。王充从小在钱塘江南岸长大，对钱塘大潮兴趣浓厚，多年的观察和思考，使他发现潮汐的涨落和大小，都与月亮的圆缺有关。他在著名的《论衡》一书中说：“涛之起也，随月盛衰，大小满损不同。”晋时的著名科学家葛洪，对潮汐现象也进行了长期的观察研究，在《抱朴子》一书中也明确写道：“海涛嘘吸，随月消长。”指出了潮汐现象与月亮有直接关系。唐朝的科学家窦叔蒙，有专门的著作《海涛论》。唐宋之后，不少科学家研制了“潮汐表”，精确地推算出来我国的大部分海区，尽管“潮”、“汐”的具体时间各地不同，但每日一潮一汐，总是间隔12小时25分，准确得就像天文钟表一样。

无风三尺浪——海浪

“无风三尺浪”，是人们对海洋的描绘。在广阔的海洋上，即使在无风的日子里，大海还在那里波动着。这是不是同“无风不起浪”矛盾呢？答案是不是。

原来，海洋面积巨大，水量浩

汹涌的海浪

瀚，风虽然停了，大海的波浪还不会马上消失。何况，别处海域的风浪也会传播开来，波及无风的海面，因此，“风停浪不停，无风浪也行”，是海洋的普遍现象。在无风海区的海浪叫涌浪，又叫长浪。

你知道吗

浪花是怎么形成的

每当海浪拍击着岸边的岩石，就会卷起白色的浪花，这一朵朵美丽的浪花，就像大海上的精灵，将大海装点得更加美丽。其实，浪花是由水薄膜隔开的气泡组成的。在淡水中气泡相互靠近、融合，而在咸水中气泡相互排斥、分离。在咸水中形成的气泡比淡水中更细小，存在的时间也更长些。气泡上升到海面时破裂，并将咸水抛到比气泡直径大千倍的高处，就产生了浪花。

比起有风的海区的风浪来，无风海区的涌浪一起一落的时间长，波峰间的距离大，波形长，有的波速还很大，能日行千里，远渡重洋。西印度群岛小安的列斯群岛加勒比海海岸的居民常常会发现高达6米多的激浪拍打岸边，这时加勒比海并没有什么风暴，似乎是个无法解开的谜。海洋科学家们经过长期的观察研究才发现，这是来自大西洋中纬地区的风暴传来的涌浪。

海上风暴所引起的巨浪，传到风力平静或风向多变的海域时，因受空气的阻力影响，波高减低，波长变长，这种波浪的传播速度比在风暴中心的移动速度反而快得多。如果说风浪可以追赶军舰的话，那么，涌浪就可以同快艇赛跑了。因此，涌浪总是跑在风暴前面。人们看到涌浪，就知道风暴即将来临。“无风来长浪，不久狂风降”，“静海浪头起，渔船速回避”，这是我

雪白的海浪

夏威夷海洋风光

国沿海渔民的谚语，是观天测海经验的概括。

飓风和台风更会掀起涌浪。当台风风速同潮水波浪的推进速度接近时，会产生共振作用，推波助澜，把涌浪越堆越高。当大涌浪传到海岸时，由于岸边水浅，波浪底部受海底的摩擦，波峰比波谷传播得快，波峰向前弯曲、倒卷，水位猛烈上升，甚至冲上海岸，席卷岸边的建筑物和船只，造成灾难。

海底火山爆发和地震更会引起涌浪，这样的涌浪传播的速度更快了。1960年5～6月间，智利沿海海底发生了200多次大大小小的地震，5月22日下午爆发了新的强烈地震，波及15万平方千米地区，一些岛屿和城市消失了，全国1/3人口受到影响。地震又引起海啸，智利沿岸500多千米范围内，涌浪高10米，最高达25米，使南部320千米长的海岸沉进海洋中。5月23日，远隔智利的日本群岛东海岸平静安谧，尽管人们已经得到智利地震的消息，但人们认为智利“远在天边”，与日本无关。谁知20个小时后，排山倒海般的涌浪远涉重洋到达夏威夷群岛、菲律宾群岛和新西兰，抵达日本群岛海岸。在涌浪袭击下，有1000多户房屋被卷走，2万万公顷土地被淹没，不少渔船被掀到了岸上。远离智利1.6万千米的堪察加半岛以东海面，也掀起了汹涌的浪涛。这是智利地震引起的海啸涌浪。它以时速800千米的速度横渡太平洋，来到这些地方。

海浪对海上航行、海洋渔业、海战都有很大影响。海浪能改变舰船的航向、航速，甚至会产生船身共振使船体断裂，破坏海港码头、水下工程和海岸防护工程。

海洋暖流与寒流

1. 海洋暖流

在季风的吹拂下，海洋表面的水沿着固定的方向流动，形成洋流。洋流又称海流，海流在风、海水密度等的作用下南来北往，川流不息，从而调节了地球上的气候。按海流水温低于或高于所流经海域的水温把洋流分为暖流和寒流两种。

海洋上的暖流，就是大自然给人类安装的免费的天然暖气管道。凡流动的洋流，海水温度比经过的海区水温高的都称为暖流。暖流使空气湿润、雨量充沛，有利于植物的生长。洋流就像陆地上的河流一样，长年累月地沿着比较固定的路线流动。洋流遍布整个海洋，既有主流，也有支流，不断地输送着盐类和热量，使海洋充满活力。影响力比较大的暖流有墨西哥湾流和黑潮。现在我们就一一来认识它们。

墨西哥湾流是世界上第一大海

佛罗里达海峡

洋暖流，它有一部分来自墨西哥湾，绝大部分来自加勒比海。当南、北赤道流在大西洋西部汇合之后，便进入加勒比海，通过尤卡坦海峡，其中的一小部分进入墨西哥湾，再沿墨西哥海湾海岸流动，绝大部分急转向东流去，从美国佛罗里达海峡进入大西洋。这支进入大西洋的湾流起先向北，然后，很快向东北方向流去，横跨大西洋，流向西北欧的外海，一直流进寒冷的北冰洋水域。

你知道吗

世界上其他的著名暖流

世界各地的其他暖流还有对马暖流，它是太平洋南赤道暖流遇苏门答腊岛后形成的暖流的北半部分。起源于中国的黄海地区，因流经日本九州岛和朝鲜半岛间的对马海峡而得名。东澳大利亚暖流，是太平洋南赤道暖流约在东经 170°、南纬 23° 附近的西分支。它沿澳大利亚东岸南下，再沿新西兰西岸转向北，最后汇入西风漂流；莫桑比克暖流，是南印度洋西部的暖流。印度洋南赤道洋流遇非洲大陆转向，其中一支沿非洲东岸与马达加斯加岛之间的莫桑比克海峡南流，形成莫桑比克暖流。

湾流蕴含着巨大的热量，它所散发的热量，恐怕比全世界一年所用燃煤产生的热量还要多。由于它的到来，英吉利海峡两岸每 1 米土地都享受着相当每年燃烧 6 万吨煤所发出的温暖。

黑潮是世界海洋中第二大暖流。只因海水看似蓝若靛青，所以被称为黑潮。其实，颜色的变化是由于海的深沉，水分子对光的散射，藻类等水生物共同作用的结果，使黑潮好似披上黛色的衣裳。黑潮由北赤道发源，经菲律宾，紧贴中国台湾东部进入东海，然后经琉球群岛，沿日本列岛的南部流去，并于东经 142° 和北纬 35° 附近的海域结束行程。黑潮是一支强大的海流，其整个径流量等于 1000 条长江。

2. 海洋寒流

海流就像陆地上的河流那样，长年累月沿着比较固定的路线流动着，不断地输送着盐类、溶解氧和热量，使海洋充满了活力。凡流动的洋流，海水温度比经过海区海水温度低的都称为寒流。与暖流一样，寒流也是世界海洋中海流家庭的重要成员，它作为寒冷海洋的使者，从高纬度或极地海洋流向中低纬地区，给所流经海域带来一片清凉的气息。

海底鱼群

寒流与其所经过流域的当地海水相比，具有温度低、含盐量少、透明度低、流动速度慢、幅度宽广、深度较小等特点。在向中低纬度流动的过程中，寒流不断与周围海水混合交换，温度和盐度逐渐升高，上层密度变小，寒流水与当地水之间形成密度变化急剧的水层——密度跃层，这对水下舰艇活动影响较大。大多数寒流区域沿岸都伴有上升流出现。丰富的深水营养被带到了上层，且含氧量高，因而这些区域是许多鱼类觅食生息集中的海域。

第三章
异彩纷呈的海洋民俗

汪洋中的条条船舶，载着渔家儿女，飘零在弯弯曲曲的岸边。大海，给了他们生的希望，然后又吞噬这一切。于是，敬畏交加，困惑迷茫，笼罩着悲壮而传奇的人生。然而，生命毕竟是顽强的。他们顶风冒雨，浪迹天涯，用海一样的胸襟和气魄，创造着人类的文明，演绎着海边的故事，传承着海边的民俗……

第一节　源于海洋的别样生活

渔民的着装

搪风挡雨有绝招

“有女莫嫁用船郎，一年十月守空房。寒冬腊月回家转，还是那包旧衣裳”。这首民谣，除说明出海渔民常年在外不能和家人团聚外，还道出了渔民生活的贫苦和衣着特征。

沿海的每个渔民都有一套油衣和一件衲头。这是能适应四季气候的肥大裤褂和帽子，上面用熟桐油涂抹数遍，均匀浸透，放在通风处晾干。这样的衣服能遮风挡雨，热不烂，冷不脆。油帽前额有帽檐，防雨水迷眼；帽后长出160多厘米的布可披在脖颈后肩背上，故又叫“油披子”。

把穿得破旧的褂子有计划地缝

海上的渔民

补，补丁加补丁，补到三四层时，再密密麻麻地用针线像纳鞋底一样缝钉成又厚又硬的褂子，俗称“衲头”。衲头冬天压风，夏天遮阳，宽松舒适，深受渔人的“喜欢”。但不喜欢又有什么办法呢？一件油衣可穿四五年，一件厚厚的衲头可穿十多年，真是“经久耐用”。当然，如今渔民出海，谁也不会穿那么难看的“衲头”了，而是漂亮的雨衣、雨裤、雨靴。

说到鞋，渔民们穿的不是普通的鞋，而是“船鞋”。一般说来，渔民无论男女，暖天都打赤脚，冷天呢，都穿草鞋。草鞋是稻草叶、山茅草、菖蒲草搓绳编织而成的，和普通布鞋式样毫无二致。这种草鞋不怕水，不沾泥，轻便暖和，在风浪颠簸的船上行走不打滑。至于探亲访友，逢年过节，则穿布单鞋或棉鞋。鞋底是四层或六层破布，中有夹纸片，外包两层新土布，用麻绳或棉绳钉纳而成，棉面料多是线呢、厚贡呢，绒布里，中铺棉花，两片瓦、船形尖拱头，又似元宝样。鞋帮上绣花、石榴、蝴蝶、荷花的图案，那就要看各家渔妇们的巧手灵心了。穿这种鞋，是生活贫困、鞋业生产不发达造成的，现在大约只能在民俗博物馆里才能偶尔见到。不过，还有的渔民冬天喜欢穿草鞋，

草鞋

鞋底装订上很高的木腿，冬季踏雪蹚泥，既保暖又防潮。

你知道吗

西装与领带的灵感源自渔民

据说西装最早起源于欧洲。那里的渔民常年风里来浪里去，往返于海上，穿着领子敞开、纽扣很少的上衣比较便于捕鱼和劳作。法国一个叫菲利普的贵族便从渔民的衣着上找到了灵感，通过改良设计出了流行至今的西装。

领带则是渔民在海上时，为了抵挡海风保暖而戴在脖子上的“御寒巾”，后逐新演变成了西装文化中不可或缺的装饰品。

在山东荣成等地，渔民在冬季出海常穿一种叫“绑子”的鞋。这种特殊的鞋是用腌渍过的猪皮缝制而成，将毛翻在外面，可以防滑。穿的时候在里面塞满干草，然后用

绑带紧紧绑在脚上即可。不穿时就把两只鞋系在一起悬挂在阴凉处，等需要再穿时把鞋放到水里泡软就行了。因为制作绑子的原料和工艺都很特殊，所以对于小孩子来说，最期待的时刻莫过于“剪绑”了。因为在这个时候，大人把鲜猪皮用盐腌渍好后剪去边角，缝成新绑。小孩子就会守在一边，将剪下的边角放到火里烧熟来吃，咸香可口，人们称之为“吃绑角”。

或许是受大海的熏陶，海边的女人在着装上普遍较内陆的更为大胆，行动也更趋开放。砣矶岛是山东最有名的渔村大岛，旧时有民谣“砣矶岛，三大宝，大红裤子大红袄，绣花鞋，满街跑”，说的就是砣矶岛妇女喜着绣花鞋，且崇尚红色衣裤。试想，在碧海蓝天下，一群风姿绰约的渔家女儿，身着红裤红袄，脚穿绣花鞋，或织网，或晒鱼，那将是一幅怎样亮丽的图画，在她们眼里，红色不仅鲜艳美丽，更是驱邪避灾的吉祥之色。

独具特色的渔民住房

1. 浓郁的住房文化

怀着对大自然不可抗拒之力的敬畏，怀着对美好生活的无限向往，当常年在海上漂泊的人们能够用自己辛勤劳作的收获建起一座岛上房屋的时候，他们心中一切的祈愿与向往便化成各种各样的程序与礼仪、传统与习俗。

在舟山群岛，渔民建房的程序一般分为奠基、上梁、乔迁等步骤。宅基地确定以后，接下来的程序就是择吉日良时破土动工，为新房子“奠基”。海岛居民选择良辰吉日与内陆不同。在海岛，所谓的良辰吉时，是潮水上涨的时刻。选择涨潮时刻宅基动工，意味着“潮涨财源涨，福禄升，鱼从远方向近岸游来”。破土之后是“插旗”占风水，求吉利，镇邪秽，同时放置“奠基物”。“上梁”是海岛居民建房中最具信仰色彩和文化底蕴的仪式。胶东半岛渔民“上梁”要选良辰吉日；要请亲朋祝贺；最重要的是要在房梁正中悬挂一尺见方的红布，俗称“挂红”。

当一座精美的新房建成以后，欢天喜地的海岛居民就该筹备“乔迁之喜”的祝贺仪式了。按照习俗，乔迁新居要先迁祖宗香火，之后打扫旧宅。要把旧宅中的垃圾用畚斗盛着一并搬进新屋去，俗称“不遗财”。同时，把火生旺，搬进新居。象征新宅生活“轰轰响”，十分红火。进新屋后，首先要拜祭太平菩萨，

渔家的蚝壳墙

再祭灶神爷和祖宗。之后，要启用新灶炒蚕豆，发出鞭炮般的声响，以示吉祥平安。

海岛居民对房屋的外部装饰也体现着丰厚的文化蕴意。他们大都讲究“金龙盘新屋，财富不外流”，所以在建房过程中，不论是石窗的浮雕，还是石磉或柱上，都刻有龙的图案。“龙文化”崇拜俨然已成为海岛渔民不变的信仰、精神的家园。

你知道吗

熠熠生辉“蚝壳墙”

美丽的珠江三角洲一带，是盛产生蚝的地方。那里的渔民自古以来以生蚝为食，而大量的蚝壳便成了当地居民建造房屋的好原料。他们将生蚝壳拌上黄泥、红糖、蒸熟的糯米，一层层堆砌起来，建成的屋墙不仅具有隔音效果，而且冬暖夏凉、坚固耐用，据说还能抵挡枪炮的攻击。有些富裕人家，将“蚝壳墙”砌得又高又厚，俨然成了一堵巍然耸立的“防盗墙”，使得心存不轨，企图行窃的小偷望而却步，生怕那尖锐的“生蚝壳”扎破了自己的手脚。当阳光照射时，蚝壳墙凹凸不平的墙面便会熠熠生辉，别具特色，充满了与众不同的线条感与雕塑感，既新颖别致，又美观大方。

2. 风姿绰约“海草房”

在我国美丽的胶东半岛，曾经流传着这样的民谚歌谣：“长山岛，三件宝：马蔺、火石、海苔草。”这里所说的海苔草，就是当地渔民用来构建他们极具特色的民居——海草房的重要原料之一。

海草房，可谓世界上最具代表性的海洋生态民居之一。它通常是用石块垒起屋墙，在屋顶上架起高

海草房

隆的屋脊，之后在屋脊上面苫上蓬松、柔软、色泽独特的海苔草，再用渔网将屋脊绷成垛状。

历史上，海草房主要分布在中国胶东半岛的威海、烟台等沿海地区，其中荣成更为集中。据考证，海草房大约从秦汉时兴起，宋金时逐步形成规模，到元明清时期趋于繁荣。

海草房的建造大多就地取材。过去，长山列岛、威海一带，浅海域生长的野生海苔草十分繁茂，当它被海浪卷上海岸之后，便成了当时渔民建房苫顶的好原料。加之海苔草中含有大量的卤和胶质，既耐磨又保暖，既防漏又吸潮，且不易燃烧，还容易将屋顶的雨水及时顺下，因此海苔草就和那厚厚的石墙一起构成了海草房冬暖夏凉、经久耐用、适宜民居、质朴美观的特色。

海草房，以它绰约的风姿、款款的风情展示着胶东半岛渔民独具特色、历史悠久的民居文化和底蕴丰厚的风土人情。

3. 风格独具的“水上人家”

在海南三亚渔场的渔船上，人们常常看到一些女人带着孩子住在船上，跟着丈夫出海捕鱼。渔船走到哪里，全家人就住到哪里，日子也就过到哪里。这就是海南独具风格的“水上人家”。

“水上人家”的渔船虽大小不同，但基本功能及内部结构却大致相同：都设有生活舱、储藏舱和轮机舱。生活舱集中在渔船的上层和中部，是渔民的生活区，一家人生产活动之余在这里休息、活动、做饭。

飘摇的水上人家

为了防止烟火危害，渔船的炉灶都设置在甲板上。储藏舱通常设在渔船的前部和底层，用来放置捕捞工具、淡水、粮食等生产生活杂物。轮机舱在渔船的尾端，里面安放动力马达。驾驶室在甲板最高处。

“水上人家”的生活日程要由海里的鱼儿来安排。每年鱼汛一到，大型的渔船就要编队开到远海去围捕鱼群。而近海水域里的小批鱼虾，就由“水上人家”的渔船捕捞。

伴随着清晨的螺号，“水上人家”的渔船扬帆出海。当夕阳西下时，“水上人家”的渔船也都载着满舱的鱼虾回港来。此时，忙碌了一天的女人，放下手中的活计，到厨房煮上新鲜的鱼虾，再给男人斟上酒，和家人围坐在一起欢天喜地地共进晚餐。一条渔船一家人，风里来，雨里去，追随着鱼儿在海上游弋。“水上人家”就这样以其辛勤的劳动活跃在蔚蓝的大海上，追逐着自己的梦想，创造着幸福的生活。

4. 因纽特人的“冰屋”

在遥远的北极圈内，生活着一群特殊的“渔民”——因纽特人。他们在春夏时节捕鱼打猎，过着优哉游哉的生活；而到了漫长而寒冷的冬季，却只能依靠用冰块垒起的冰屋对抗难耐的严寒。

晶莹的冰屋

北极圈内的冬天特别漫长，要持续半年以上。冬天日照时间非常短促，所以那里的气温往往低到 -50℃以下；再加上不断袭击的寒风，人要想在野外度过漫长的冬天，是绝对不可能的事。他们必须想方设法建房保温，防寒过冬。

北极圈里，有着取之不尽的冰，有着用之不竭的水。聪慧的因纽特人便就地取材以冰建屋。他们先把冰切成一块块规则的长方体，之后在事先选择好的地方泼上一些水，垒上一些冰块；再泼一些水，再垒一些冰块；一边垒，一边冻，慢慢垒好的房屋就成了一座晶莹剔透、密不透风的冰屋。他们把冰屋的门留得很低，人们进出只能爬行。门上再挂上厚厚的兽皮门帘，屋内外的空气对流就被大大减小了。这样，冰屋里的温度就可以保证穿着厚实而保暖“皮草”的因纽特人“温暖”地过冬了。

渔民婚嫁

长江海口一带，渔民婚嫁仪式除极少数在陆地上有房屋者外，绝大多数都在渔船上举行。

迎娶这天，男女双方两船靠拢，男方船居上首，并排相连，放好跳板，跳板上铺红布。媒人引新郎至岳家船上行拜接礼。新娘则拜别父母，然后随新郎从红布上跨过船。一步之间，就算“出门”、“进门”了，真是“举足轻重”。双方家长在送亲、迎亲过程中，不燃放“高升”、“二踢脚”，防止落水炸不响，而是用红纸包裹竹竿，高挑长串“霸王鞭”，在水面上噼啪炸响，气氛浓烈，好不热闹！

海州湾渔民，尤其在海岛上，至今保留着原始氏族“抢婚”的习俗——半夜抢新娘，这大概也是考虑安全吧。一般地方娶新娘都是白天进行，而这里是半夜子时。男方家出动两个人，提着马灯或打手电筒到女家，一定要在天亮前把新娘子接到家。

渔家娶亲场景

你知道吗

历史上渔民娶亲有几种形式

历史上渔民娶新娘，一般有“大来”、“小来”两种形式。路远的一般为“小来”，即结婚前一天天黑前把新娘子娶到家，不进新房，先住婆婆房内一宿，第二天进洞房。路近或本村住的，一般都是“大来”。大来即头天白天把嫁妆搬到男家，半夜里男方再出动一群人（五人：一个媒人，两个本家兄弟，两个驮新娘的壮汉），打着灯笼火把、马灯，浩浩荡荡到女家接新娘。

半夜子时，迎亲队伍到了女家，拉鞭放炮说喜话，女家用糕点茶水招待一番，然后新娘由壮汉背回来。驮新娘的人一定要与新娘有亲戚关系，若随便找人驮，女家可以拒绝。驮新娘很有意思，尽管任务艰巨，无论路程远近，新娘脚不能沾地，更不能放下来休息，只有两个轮流着背，从你背上换到我背上，悬空交换。新娘在大汉背上只准低着头，不准昂起高于大汉之头。

驮新娘的路线要一律避开寺庙

门、坟地和传说中有恶气的地方。若山间小道非经不可的，事先要“勘察地形”，用红布把庙门遮盖起来，遇有恶气的地方要放鞭炮驱邪。

天亮之前把新娘背到男方家中，先在房中梳洗，打扮，这叫“重梳头、另裹脚”，天亮后拜天地入洞房。

成婚后，老船住不下，起居诸多不便，哪怕借高利贷，也要另置小船，供儿媳居住，但吃饭仍在一起。捕捞收入归父母，待债务还清后，便分家分锅，另起炉灶，长辈不再干预。小辈四时八节捎带礼品探望父母、公婆。

儿媳过门，如多年不育，老婆婆便在大年初一五更黎明时分，趁街上无人行走之际，用一个搂草的爬子，沿大街小巷拖拉一遍，这叫“搂子”。一面走一面嘴里念叨：“小乖乖，跟奶奶走家，有吃有喝……”说一些吉祥的话。从街上拖到自家

渔民迎亲场景

门口时，回头看看耙子里，不管搂到什么物件(多数是有人故意提早安排的碎砖瓦片)，立即拣起，用红布包好，直送儿媳房中或船舱，让儿媳揣在怀里睡觉。这种用“搂子”的办法使妇女怀孕虽然是一种妄想，但沿海渔民不管那些，依然我行我素，当然在众多“搂子”活动中也有瞎猫碰上死耗子的时候。海头有一家媳妇碰巧在“搂子”之后怀孕生子，于是取名“大搂”。

苏北沿海某些海角山坳，围绕姑娘出嫁自然形成了一些有趣的规矩。这些规矩不见得有什么意义，却反映出这一带百姓的风俗习惯和社会心理。

姑娘出嫁，自然是吹吹打打、花花绿绿，送嫁队伍蠕动在乡间小路上。如果不小心碰上一支送殡的队伍，便立刻热闹和骚乱起来。两军对垒，一红一白；送殡的倒没什么，送亲的可炸了营；首先响起一串噼啪的爆竹声，然后可忙坏了新娘旁边的陪娘——她必须以最快的速度，从新娘屁股底下抽出一条棉被，不顾一切地把个新娘包裹得严严实实，——这叫“避邪”。只有这样，新娘才不至于倒霉运。

这是遇到送葬这类倒霉事的紧急处置方法。假如从后面再赶上来一支同样的送嫁队伍，双方的车子

手拿红绸的渔民

都得停下，两个新娘几乎同时从各自的陪娘手里夺过红伞，又不顾一切地跳下车去，撑开自己的伞，双双飞一般地向前奔跑。双方的送嫁队伍为其新娘呐喊助威，就像体育比赛时的啦啦队一样。哪位新娘领先了，就是优胜者，这叫“抢喜”——意思是把喜抢在了自己的手里。

如果是迎面碰上了一队送亲的人，那么，老远就要燃放鞭炮，哪家的炮先响，哪家便是优胜者——这叫“争喜”。

从出嫁的那天往后推一个月，被人们称为新娘的“喜月”。

一般说来，新娘在“喜月”里是不能离开新房半步的，尤其不能到外界抛头露面。如果在万不得已需要新娘离开新房时，那么，新娘出去时的步数必须与初次踏进新房时的步数一样多。外出时，新娘除战战兢兢地低头走自己的路外，是不准与任何亲友、熟人打招呼的。按风俗，这叫作“僻风”。

而令新娘最胆战心惊的，莫过于在外面碰上另一位新娘了。喜月里，新娘见新娘是冤家对头，往往会发生一场带有喜剧气氛的角逐。

两个新娘在路上不期而遇了，不能注视对方。惶惶然中，假若新娘甲向新娘乙打招呼了，而新娘乙应了对她的招呼，就算失败了，而甲就得胜了。——这是两个新娘第一次遭遇战。

如果新娘乙在听到甲的招呼后不去理会，那么，新娘乙也并没全胜。另一半角逐的争夺便是：乙不去理会新娘甲而反过来以同样的招呼来反击甲，如果甲应了，甲就失败了，而此时的新娘乙才算大获全胜。不过，如果双方在招呼对方后互不理会，那这第二个回合里便分不出胜负来了。

于是，便开始了第三个回合：两个新娘各自扯去自己上衣的纽扣，解得露出“冰肌雪肤”，谁的动作快，谁就是得胜一方。为此，苏北地区，旧时新娘都穿着那种一扯即开的“按扣”上衣，以便应急使用，扯衣服扯得干脆利索。

还有的地区不只上述三次较量，还有第四个回合的争夺：新娘各自解去自己的裤带，然后互相交换。谁先束上对方的裤带，谁就是优胜者。

新娘相斗，比智慧，比头脑，比娇媚，是当地风俗中的娱乐。谁胜谁负显得并不那么重要了。

渔家火炕

渔家的火炕，是海岛人生活最舒适、最温馨的安全港。自古到今，炕，是家的象征；炕，是家的摇篮。俗语云：“家有热炕头，胜过肉靠肉。”炕，祖祖辈辈伴随着主人休养生息，过冬御寒。妇女坐月子，老人养病和孩子取暖睡眠，有优先享用热炕的待遇；贵客临门，主人让炕，从接待的规格与礼仪上，足可见炕是家庭接待礼仪中最高级的地方。

平日里，人来客往，多让进堂屋或客厅就座。而姥姥、姨妈、舅妈、姑妈、姊妹或是知己的亲邻探亲造访，必须让炕座，脱了鞋、上了炕，盘腿实坐，不仅体现出自家人不见外，且表现出主人接待礼仪的规格和尊重的程度。往往是客坐炕头，主坐炕梢，对面轻声细语，攀谈有说有笑。所以，炕，成为交流知心话的温床。那些多日憋在心底的、非亲不泄的肺腑之言，诸如婆媳关系、邻里新闻、个人恩怨、儿女情长、甚至偷鸡摸鸭的、拈花惹草的，可谓海阔天空，无所不及。当说到秘密时，习惯性地向外一望，话音骤降八度，在动作和表情相结合的神态中，用耳语向对方表达。这些感情深处的交流，多选在炕头上。炕，悄悄地卸下了老话题，又装满了新话题。

炕，渔家寝室的一大风景。20世纪60年代以前，利用小土坯垒花墙，大土坯铺炕面，上抹粗草泥和麻刀细泥。待炕面粉刷后，再铺麦穰草和席子，使其保温且有弹性。而今，利用道轨、工字钢或三角铁取代中间花墙，水泥板铺面，炕洞下半部填充炉灰，让火从距炕面盈尺的空间通过，使炕面受热快。70年代后，渔家妇女利用旧挂历糊炕面已成时尚。这不仅使炕面具有美观性、实用性，且体现了时代特色和城市气息。因此。糊炕成为渔家

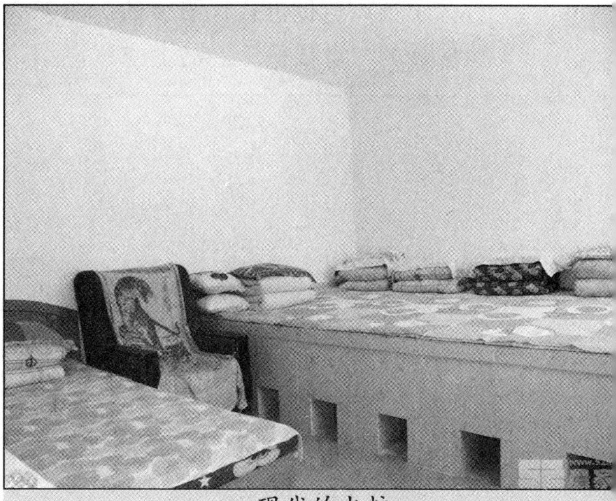

现代的火炕

妇女寝室装潢的一大发明，且遍布南北岛。

糊炕的工艺很有学问。要在光滑无缝的炕面上，先用冷布或纰布糊一层，使之有“筋力”。贴挂历多由二人合作，把糨糊刷在挂历背面，有意使其“湿涨”，粘贴后，再用笤帚或刷子向四边摊扫，以防起皱。这些关键工序，要求一次成功。待炕面干透后刷两遍清漆，炕面光平如镜，色彩绚丽，与壁面、顶棚互相衬映，满屋生辉。

渔家的火炕，传承着居住文明。新中国成立后，渔家相继建起了新楼别墅，年轻人告别了火炕，用上了席梦思床。尽管电热毯、电暖气或空调走进家庭，可中老年人偏偏对热炕情有独钟。无论炉、灶怎样改造更新，火，必须通炕。他们难舍难离这世世代代沿袭的、叫人心暖的“老摇篮”。岛上空气潮湿，闯海人多有腰腿痛，热炕疗法古有传统。这既可把炉、灶的余热充分利用，又能使老人、孩子、病人得到热炕理疗，可谓经济、实惠。冬季，为使炕面受热面大，保温时间长，昔日大黑山岛村民一户要烧上十几担海带草。海草中夹带的海藻，燃爆声“噼噼啪啪”响个不停。烟囱冒的烟弥漫处处，大老远就可闻到海草味儿。

火炕

热炕，相当于一面巨大的散热器。它散热快、变冷慢，利用率高，人在炕上，或仰或卧，或翻转移动，炕面平净光洁，动作自如。火炕，恒温时间长，人体受益直接快捷，不仅可以防“潮”，也能防“涝”(孩子拉尿、老人失禁)，且清理方便，不污不染。尤其在北风呼啸、寒气刺骨的严冬，老小相依偎，全家相团聚，一铺炕上，往往聚合三代人，谈今论古，说长道短，越是窗外风雪大作，越感到室内温暖。

渔家有娃初诞生

诞生是人生历程的起点，它开启了人生的篇章。

依山傍海的独特地理位置使沿海居民轻松地享受着宁静闲适的生活。他们的诞生礼仪虽烙有海洋印记，但更多的是与内陆一致的习俗。例如，人们普遍信仰“多子多福”、“男丁兴旺”，求子就是沿海与内陆共同流传下来的古俗。内陆人已婚未孕的妇女会去庙里求菩萨赐子，嵊泗东部海域的岛民也会虔诚祭拜送子观音以求送子；内陆人有栓泥娃娃、偷瓜、送灯等习俗寓意得子，东南沿海人盛行钻龙门、摸龙须来讨吉利。不仅如此，孩子满月时，邀请亲朋好友的“满月酒”也是海陆居民必定举办的盛宴。

渔家孩子

你知道吗

什么是“抓周”

孩子满月时，无论是内地还是沿海，娘家妈妈都会来探望并送上红糖、蛋、酒等补品；父母在儿女周岁时，都会陈列书籍、算盘等物品，听任孩子抓取，以预测其将来的志向和爱好，俗称“抓周”。

依照传统，渔家诞生礼仪程式一般分为三个阶段：求子、孕期和诞生庆典。以东海诸岛渔家为例，每个阶段都有其不可忽略的礼仪习俗。

古人说：“不孝有三，无后为大。”深受封建思想影响的海岛妇女如果久婚不育，心理压力会很大；不仅如此，已孕未生的妇女也整日惴惴不安，唯恐肚里婴儿不是男娃。为了得子，东部沿海岛屿的许多妇女会定期去岛上送子娘娘或送子观音庙祭神祈祷，以求神的恩赐，天降麟子。正月十五闹龙灯时，东海各岛还盛行钻龙门、摸龙须的习俗，期望博得海龙王高兴，麒麟送子。

渔家妇女怀孕俗称“有喜”。添丁产子对于夫妇两家都是门庭喜事，自然马虎不得，除了丈夫和公婆要去庙里供祭龙王，孕妇在怀孕

天真活泼的渔家孩子

期间还有饮食和行为的许多禁忌。例如，孕妇禁食公鸡和狗肉，怕吃了公鸡生下的孩子夜里啼哭，认为吃了不干净的狗肉会流产。尽管靠海吃海的渔民一直视鱼虾为盘中贵羹，但怕对胎儿不吉利，她们也不敢尝试。例如，在洞头地区，孕妇不能动刀切鱼，更不能吃去了头的黄鱼。据说因为黄鱼是海龙王的将军，吃了黄鱼会得罪海龙王，生下的孩子会生癞痢头或四肢不全。浙江舟山的孕妇不吃海螃蟹和海虾，怕使胎儿难产；也不吃鳖肉，因为怕吃了鳖肉会使胎儿短项。不仅如此，舟山渔民认为章鱼全身无骨又懒散，海蛤不清爽，吃了它们会生下无骨气的孩子，皮肤也疙疙瘩瘩，所以，章鱼和海蛤也是禁止孕妇食用的。行为方面也有禁忌。例如，孕妇不准外出看戏和进庙宇，因为外出看戏会使胎儿受到锣鼓的惊扰，随意出入庙宇又会使孕妇冲犯了鬼神，渔民自然要避开这种冲喜的不吉利兆头。由此可见，东南沿海岛屿妇女在孕期中有种种限制，但为了给即将出生的小生命一个美好的未来，孕妇大都小心翼翼地遵守着，不敢有丝毫懈怠。

孕妇产子后，便翻开了海岛诞生礼仪的下一序章——诞生庆典。传统东海渔家诞生庆典从婴儿诞生之日起，要经历系红绳、喝开口奶、洗床、满月、百日、抓周等一系列仪式，步骤繁多却丰富有趣，寄托着长辈对下一代的深情祝福。先说说为婴儿系红绳吧。据说系红绳是为了让小宝宝避害驱邪，保佑其双手不受损害。凡是系过红绳的孩子，长大以后双手会规矩，不会乱摸乱动干出偷鸡摸狗之事。婴儿落地后一昼夜便可吃奶了，这“开口奶”得由儿女双全、大富大贵的妇女来喂。不过，开口奶可不是新鲜可口的奶水，而是黄连汤，渔民这样做是希望孩子能先苦后甜，长大后有一番作为。有的家长还会把醋、盐、黄连、勾藤和糖分别让孩子尝尝，寓意酸、咸、苦、辣、甜五味俱全。还有的家长想到孩子长大要和海水打一辈子交道，于是便喂婴儿海水，这样孩子先苦后甜将来就不怕被咸苦的海水淹死。产后的第三天要进行洗床仪式。洗床时，产妇的好朋友纷纷赠送礼品庆贺，而洗生婆则会为婴儿洗浴更换新衣，并在床前设祭桌，用供品祭祀床婆床公。到了中午，主人摆上丰盛的酒席恭请洗生婆、奶娘以及前来道喜的所有女宾，俗称“洗床酒”。孩子满月时的礼仪程式就更加隆重了！不仅娘家人要来送礼贺喜，婴儿还要送去剃“满月头”。满月之后，在婴

抓周的物品

儿诞生100天时会设宴祝贺“百岁”，一周岁时还要举行隆重的“抓周”仪式。

从求子、孕期到诞生庆典，南北方的习俗大多类似，但也各有特点。例如，孕妇平安分娩后，北方渔家要办的第一件事就是在大门外挂上一块红布，称作“挑红”，用来告之邻居孩子降生了。在山东胶州一带，人们给孩子“过百岁”的风俗很有北方特色。婴儿出生100天“过百岁”时，亲戚朋友带上小儿鞋帽前往庆贺。在胶州，孩子“百岁”这天上午要在一棵柳树下举行婴儿穿新衣仪式，柳树旁放一个量粮食的斗，斗前放一个盛新衣的筛子，由姑姑或姨给婴儿穿上新衣后，将婴儿抱到斗上摇几摇，意味着“依着柳坐着斗，小孩活到九十九”。山东平度还有“姑家的裤子姨家的袄，妗子家的花鞋穿到老”的俗谚。另外孩子“过百岁”时，大人要给婴儿佩戴由亲朋好友凑钱请银匠打成的“百家锁”，这百家锁上面刻有“长命百岁”或“长命富贵”字样，象征着吉祥如意；婴儿还要穿上从各家讨来的碎花布缝成的“百家衣”。至于“过百岁”时，亲朋好友欢聚一堂喝喜酒、吃喜面的习俗是南北海边人都有的传统。

出假殡与哭坟

1. 出假殡

渔民在海上罹难，家中未得尸首，要出假殡。已婚的，用木板钉口小棺材，内放一砖，砖上刻有死者姓名（有的用写有姓名的红纸裹砖），再放进死者的衣、鞋、袜、帽等。盖棺后，以简易出殡的形式埋葬，称之为“出假殡”、“埋假坟”。如死者未婚，则待其父母去世时，用一木匣按上述形式一起殡葬，称之代葬假坟。

在出殡之前，家中人先到海边拖魂。烧香焚纸毕，将死者衣服（上

渔民祭海神的热闹场景

衣)搭在扫帚上拖拉，口中念叨："×××跟我来家呀!"连叫几声后，拖扫帚回家，取衣服向家门连甩三下，叫三声(同上)，以示死者已到家里，再做出假殡准备。除七日、百日、周年要对死者进行祭奠外，农历七月十五是渔村的鬼节令，俗称"放鬼魂"。此日午饭后，家属将供品摆至坟前，同时烧纸锞，哭毕，给死者洒酒，把祭品中的部分饭、菜放在坟前，供死者受用。

晚上，家属多用木板或高粱秸扎制的船，到海边放行。船上点蜡，写有死者姓名并装有糖果祭品或死者生前喜用之物件。

2. 哭坟习俗

罹难渔民妻子哭坟，多为哭诉式，即边哭、边诉说。哭者在坟门处就地盘坐、毛巾蒙头遮腮，便于擦抹眼泪。开始，放声号哭，继而低声哭诉，其诉语尾音拖长，以延续哭语间隙。哭诉内容大致有四：其一，褒扬丈夫生前之恩德和与众不同的长处，倾诉惋惜之情；其二，哭述遗留之难无人主管，如撇下的子女、老人的赡养、个人的依靠等，以倾内心之愁肠；其三，哭诉死者生前夙愿未达的遗憾，如爱好、希望、追求、誓言等，自此化为泡影，以吐诉心底之冤屈；其四，求丈夫在天之灵保佑，庇护全家老小，无灾无病。同时焚烧金银纸锞，以备丈夫在阴间受用。这种祈求的哭诉，既寄托无限的哀思，又在自慰、淡化悲情。所以，妻子哭坟实是与永别的丈夫在作单方的对话，是风帆时代家庭的悼词。若无人前来劝止，有的哭诉长达数小时。在放任的哭诉中，亲人心善的、抓家的、手巧的、知道疼爱妻子儿女的美德，都得到充分的褒扬或评价。哭坟，在悲痛、惋惜的心理矛盾中作自我平衡。

随着时间的流逝，悲伤程度逐步淡薄，或因生前感情欠深，在传统的哭坟中，有的人哭诉趋于形式，只"打雷"，不"下雨"，或"雷声大"，"雨点小"。但大多数哭诉亲人生前的好处。不论烧七、烧百日、烧周年或上坟，远远可听到丧夫者的"哭"唱声。

渔妇哭坟习俗与渔业生产、渔家生活直接有关。特别是在风帆时代，渔民常年外出，铺风盖浪，安全无保障。而妇女只料理家务，生活全依附于男人这根顶梁柱。所以，风浪日更加提心吊胆，呼天唤地；平日或出海归来，妇女侍候丈夫，可谓无微不至，以尽妻子之贤；倘若亲人遇难，如同天崩地裂，失去靠山，其哭诉悲伤至极，可想而知。

丈夫死了，有的妻子在家"守

俗”，不外出，不串门。直至烧完“七”或过了“百日”，有的半年后才出门上街，以示忠贞之情，怀念之心。

渔家海葬

有句渔谣曰：“芦苇包，义冢地，孤魂野鬼，多少时节望空祭。”道出了旧时代渔民死后的凄凉景况。

其实，渔民并不像陆上人家注重尸体，祖先早有海葬习俗。他们认为，海上人家的一切都是海神给的，“生吃大海，死葬大海”人死了丢入大海是回老家，叫作“入海而安”，这和陆地不同。所以，即使海上暴病身亡，也决不带回尸体，而是举行一个简单的海葬仪式。

当尸体从船舷上慢慢滑向大海时，船老大跪在船头，对天连喊几声“天后娘娘，天后娘娘，××回家来了……”。同时用小斗网，在海里捞一下，捞到什么是什么，算是死者之魂。将此物带回死者家中供悼念。如果捞不到什么，就舀一碗海水，捧回死者家中，家里人就浇在其衣冠冢上。

你知道吗

什么是“腌尸”

关于海葬，民间有“腌尸”之说，意思是渔民若暴死海中，同伴把他的尸体和鱼一起用盐腌渍舱中，带回陆地埋葬。这是一种误解。海上捕鱼，十分辛苦，日夜寻找鱼踪，一发现就要兜到鱼群前头下网倒拖，一网就有数百担。一面撒盐，一面将鱼朝舱里倒。如果在晚上，人困力乏，一失闪跌进舱去，来不及呼喊就被鱼淹没了。等到收网封舱，发现少了一人，总认为掉入海里，其实返航开舱起鱼时才发现人和鱼腌在一起。即使这样，一经发现，便宣布立即封舱，重将渔船开到港外，把尸体抛入江海，做一个简单的海葬仪式。不明真相的人认为渔民有意“腌尸”是不对的。

假如是海上遇难，死者的“魂”又未被同伴带回，则家属要到海滩上点灯、磕头，来呼唤死者的魂灵，

渔家海葬

举行海滩“招魂”仪式。这在福建、江苏沿海颇为盛行。届时，家属带着斗、小网等物，家长主祭，排上酒菜，焚化“买路钱”给水鬼，之后哭求天后娘娘放回死者之魂。用小网在海滩捞些东西，不管鱼虾贝壳，带回去与死者衣冠同葬。

如船老大遇海难，仪式更为隆重。往往由帮主来主持，备一席酒菜，请巫婆神汉招魂。若船板主死葬礼更盛，全帮人至海滩，呼唤帮主归来，捞到东西便放鞭炮，用两个壮汉抬回。做了衣冠冢还要大祭，均有渔行老板、同乡会主主持，会馆里摆灵堂。不过，这种事很少发生，除非两船帮群斗海上，或被海盗绑架沉海。

海上遇难，归来后要请童子(地方戏)唱戏撵灾。童子要用口将一只公鸡头咬下，把鸡血洒在出事船上，赶走被淹死的亡魂恶鬼。同时，要糊一纸船做替身放在海里漂走，意思是原来出事的船被代替沉到海里去了，出事的这条又可以出海了。这被称为“打叫”，不办“打叫”仪式不能出海。

海葬，是沿海渔民祖辈传留下来的习俗。这习俗与他们的信仰和漂泊无定的贫困生活密切相关。

随着时代的前进，“海葬”便渐渐为土葬或火葬所代替。有人说是北方来的“海盐帮”带来土葬的。因为他们每隔五年十年便回乡探视，把死魂带回家乡宗祠，叫作“死后归宗”。

不可侵犯的忌讳

海上作业，无风三尺浪，天气变幻无常，随时都可能遇到危险。但渔民都朝好处想，说彩话，拜海神，祈求收获和平安。与此同时，犯忌的东西又特别多。可以说每一举手投足，说话做事都很讲究。犯忌的事不准做，犯忌的话不准说。怎么办？渔民们总是拐弯抹角地说话，由此形成一种特殊的语言习俗和活动方式。

1. 说话忌

早晨开船前，渔民不理睬外人的问讯和招呼，不管对方问什么，只回答：“好，好。”在海上忌讳互相打招呼，更不准叫人姓名，只能用“喂，喂”，或手拿衣服、帽子举起来挥舞，这就叫“唔”。发现有“唔”，必须放下手中的活向对方靠拢。在任何情况下不准说“翻”字，意指翻船。假如碰到汤碗翻了，只能说“泼”了。与此相联系的是，在船上搬动任何物件不准大翻个。

掀锅盖，揭仓板，只准前后左右挪动，不准翻过来。晾家具，晒渔筐，只准口朝上。

船上睡觉叫“楷觉”，若叫别人去睡一会儿，只许说“楷一会儿”。睡觉翻身不能说“翻身”，而说“调樯”。鱼死了要说“鱼条了”。船进港口靠岸叫“收港”、“收岸”，不准说“进港”、“进口”。

在船上，假若手里拿的东西掉下来，或是遇到什么惊奇的事情，不准发出“喔喔喔”的惊呼之声。叫对方传递物件不准说“你撒手”，而要说“放手”。因为“撒手”和“喔喔喔”都是人落水挣扎无救的表现。

2. 吃饭忌

吃第一顿鱼不准去鳞，不准破肚子，整鱼下锅，最大的鱼头先给船老大吃，这是对船老大的尊敬和礼节。一盘鱼或菜放在什么位置不准挪动，一动就意味着鱼跑了。每顿吃鱼不能吃光，须留下一点鱼或汤，寓意“鱼(余)来不断”。在船上粮食不能称“粮食”，因谐意“凉湿”，而把食物统称“火仓”或大米、小麦等。饼也不说是饼，而说“瓦屋垄子”。向碗里盛饭不说“盛”，而说“装”、“起”，因为“盛”谐“沉”。筷子要说“篙子”。吃饭时筷子不能搁下，意为“船搁浅滩不活水”。吃完饭后，要将筷子顺着船板水平“射放”，向前滑动，取顺风顺水之意。吃完饭说“吃足了”。喝完酒说“喝满了”。

你知道吗

为什么吃第一顿饭不能移位置

第一顿饭蹲在什么位置，不论时间多长都不准随便移动，移动叫离窝，很不吉利。吃饭时，每人只准吃靠近自己的菜，不能伸筷子夹别人面前的菜。夹别人的叫“过河”，谁夹了就要被船老大夺过筷子扔进大海。过河是危险的，必须把筷子扔掉，让筷子做人的替身，才能化险为夷。

3. 穿戴忌

船上不管天气如何热，都不准把衣服脱光；换衣服，尤其下身衣服，一定要躲进八尺舱(专门住人的舱)内进行。因为怕“天后圣母娘娘”见了男人赤身裸体会生气，兴浪翻船。

男女渔民作业时四季必戴笠帽，用带子在脖颈扣紧，除了吃饭、睡觉从不离头。这样做，除了遮蔽大雨雪外，也是为了安全。万一落水时便于辨认目标。此外，笠帽用四层竹篾编制，尖顶圆形或六角形，桐油油过，

笠帽

敲起来当当作响，经久耐用。

4. 解手忌

人在海面船上，任何时候不准在船帮上解小便。因为船两边各有一个无形的祭拜对象，“左青龙右白虎”。在龙虎身上解手是犯忌的。即便在后梢，也不准两人同时解手——“二人对着尿，必定遭风暴”、“二人争茅道，必定遭风暴”。船抛锚后打桩系网的当天，不准在海上说拉屎，拉屎是“拔桩”。

5. 妇女忌

女人上船，不准跨网跨钩，未满月的产妇及月潮妇女不得上船头。

船在出海前，如果有怀孕的妇女无意中从此经过，大家最高兴，一齐高喊“满载、满载！”。如果有未怀孕(俗叫“空肚子”)妇女经过，特别是从船头绕过，从网具上跨过，未满月产妇上了船头，被认为是最晦气的。为了避晦气，即便一切准备停当，也要推迟一两天出海。当然，也有聪明的妇女，可以通过自己的行动“逢凶化吉”，她知道犯了忌，马上高声说：“小脚踏踏纲，马鲛勒鱼尽船装。”或说：“小脚拦拦路，这趟必定富。”晦气就被冲掉了，船员们一起道好，高高兴兴地驾船出海了。

第二节　世代遵循的渔家船文化

新船诞生记

船是渔民生命的一部分，是他们在大洋里求生存、在大海中生活的伙伴。他们造船如同建造新房一样考究，爱船如爱己。因此，在漫长的船运发展史中，造船这一活动被他们赋予了丰富的文化内涵。

在渔民嘴里，造船不叫造船，称排船。而整个造船程序一般分为准备和造船两个阶段。这两个阶段密切相连，环环相扣。

在东海渔家，准备阶段中主要做的事情有相面、合生肖、选船料、请造船师傅、定造船厂地、择开工吉日等。相面就是想要造船的人通过让算命先生看面相占卜决定是否适宜造船生财。不仅船主，船员的面相也要一起看——看他们与船主人是否合财。造船时还要选好木料，选时多就地取材。待船料选备好后，船主要下聘，聘请岛上有名望的造船师傅(俗称“大木”)。这些大木个个技艺高超，造船不用图纸，用什么料、怎么用、用多少全部了然于胸。同时要请的是舱油泥的师傅(俗称“小木”)。此时此刻还要做的一件事，就是把船主和大木的生辰八字合起来请算命先生排算，看两个人的八字是相生还是相克，以此决定是否请这个大木，这就是所谓的合生肖。大木会设计，能带领造船的队伍在很快的时间里把船排好。造船时的场所可以选沙滩，也可以选海神庙门外的空地。因为传说海滩上造船有潮神菩萨保护，庙门外造船有庙神保护，这样少了妖魔鬼怪，船造出来就大吉大利。排船同样要选定良辰吉日。浙南一代

古老的渔船

多拣双日子；浙东渔民则除了要选好吉日，还要找阴阳先生把日子和船主、大木的生辰八字放在一起排算日子的吉庆与否。

一切准备妥当，就要动手造船了。渔民们把造船的主要步骤分为祭龙骨、上大梁、上大筋、上斗筋、安船灵、置船眼几个工序。祭龙骨，也叫造船底或连大底。所谓“龙骨”就是在船的基底中央连接船首柱和船尾柱的一个纵向构件。龙骨如同房屋的栋梁，所以板的质地一定要好，要一通到头不能镶接。上大梁，也称庆平口，就是安装稳固大桅的横木，然后举行庆祝仪式。要把缝好的红布包裹的香椿木和铜钱分别放进大梁和龙骨上已经凿好的槽子中，前者辟邪，后者保平安。在船底板和船横梁合成后，要在船身两侧安装三根船筋，最大、最粗、最突出的那根就叫大筋，大筋有个很好的名字叫“荷包”——由于它是用两根壮实粗大的柏树或樟木像荷叶一般把整个船包裹起来而得名。上大筋时要有鼓有锣有鞭炮，三牺祭祀，焚香叩头，祈求大吉。斗筋位于船眼前的船头部位，就是船的前头面和鼻梁相连的那块横木，主要功能是用来破水，要请村上三世同堂、德高望重的老船匠帮忙在斗筋木上写上“圆木大吉”四个字，意寓顺利吉祥。字写好后，要请老船匠留下来喝酒，送一条毛巾、两条烟、六个馒头，同时亲自鸣放百子炮一盒、炮仗六只，祈福人丁兴旺、六六大顺。在斗筋木立起来的时候，要用红布和红彩遮上，摆三牲礼品，祭船神，意寓船家从今往后日子红火，新船出海彩头好，平安吉祥。置船眼就是给新船安眼睛，也称定彩，即所谓画龙点睛，这是新船竣工前最后一道重要工序。

开海日与上网

1. 开海日

每年开春大雁飞来，从二界沟上空掠过的时候，是大海汹涌的春潮拱碎封锁港湾的冰排，并将冰排一块块地拖进大海的日子。这一天，就是打鱼人家的开海日。

开海日，一般都在 3 月中旬前后。这一天，二界沟的户户网东，条条渔船，就要下坞出海了。首先渔会组织网东、渔民到龙王庙拜四海龙王。拜龙王后又抬着供品到海边，在一片鞭炮和鼓锣声中扔进大海，再回到船上开始贴对联。二界沟渔家一根桅的船多，二根桅的船也有，但很少。渔民在桅上贴“大将军八面威风”条幅，要是遇上二根桅的船，还要在桅上贴“二将军头前带路”的条幅。船头贴的对联条幅有“船头压浪行千里，舵后生风越九州”、“海宁多锦绣，青波卧渔舟”、“欲卜今岁海田好，喜望丰收鱼虾多”、“船身坚固载万担，众志成城捕鱼多”等。横幅有“一帆风顺”、“鱼虾满仓”、“船头压浪”、“满载而归”、“船得顺风”等等。

网东家在出海日除了拜龙王，给渔船贴对联，还要树顺风旗。顺风旗是网东铺号的标志。

为显威风，顺风旗做得也很讲究，旗杆高十几米，龙头镀金，长 2 米。龙尾长约 5 米，绸布。各网东家顺风旗的做法大致相同，只是色彩上各有特色。同时各网东家的船桅上也都插上小顺风旗（也叫旗调），色彩与网铺上树的大顺风旗相同。每在顺风旗树定时，网东带领着眷属、家奴和渔工众人敬仰片刻后，随即令人开案。开案，是网东与眷属渔工共同吃一顿大锅饭。

开案后，在锣鼓鞭炮声中渔船下水，办会的人们带着秧歌队走街串巷扭起大秧歌。提起扭秧歌，渔家人说“扭秧歌好海田”，所以年年开海日为盼个好海田，秧歌扭得都很欢。

2. 上网习俗

风网装船时称上网。每年春季打黄花鱼时，都要举行隆重的仪式。不论新网或修补的旧网，都放在离船不远的岸滩或广场上。将大块网衣顺着理成长龙状，再用红布间隔着扎成若干道，盘堆在一起。上网时，爆仗一响，一人擎着点燃的秆草（即谷草，“秆”与“赶”同音，意在赶走一切不吉之兆）火把，绕网堆转圈跑，后边一人擎着装满荞麦面的瓢，边跑边往网上撒面，同时追赶擎火把的。前后转几圈后，有意放慢速度，后者追上时，将面与瓢全扣到前者的头上，最好使瓢碎成八瓣，以图“荞麦、荞麦（巧卖），卖鱼生财”、“面瓢扣头，吃穿不愁”、“面瓢开花，发财来家”之吉利，此刻，围观者大笑大喊：“满了！”

接着，号头叫起上网号，船员腰扎红带，应着号子各扛一段渔网，逐渐伸展开来，势如蛟龙闹海。上网时，鞭炮齐鸣，一人敲锣引路，一人杆挑网头随后，其后有四人手持捞鱼兜，把一条“网龙”要到船上。这时节，渔捞号伴着捞鱼动作，将网装入舱内。上网习俗在砣矶岛尤为隆重。海口里，红旗猎猎，欢声笑语；渔号声、锣鼓声、鞭炮声汇成一片，场面十分壮观。新中国成立后，此俗渐减。

船无外号不发家

风帆时代，不论是新船、旧船或是跑短的、远洋的，大凡有点续航能力的，多有绰号。什么小红鞋、大猪圈、飞毛腿、老母鸡、苞米饼子、半副料子……五花八门，各有千秋。

宏泰和、福来顺、钱眼子、鸿升泰、渔兴子，图的是和祥吉利，这种雅号，多系主人自封；绰号却不然，多由外人“赐赏”，即使不雅，叫开了，传遍了，久而久之便默许了。

你知道吗

渔民对船的绰号有什么要求

给船赐绰号也有一定的学问，名字不仅要叫得诙谐、粗野、有典故、有来历，还得贴切，易被人接受。绰号，有的是感情的产物，有的是形象的写照，有的是讥讽，有的是褒扬。人们总是随着天时、机遇、巧合、征兆，借故而就，应运而生。

旧社会，砣矶岛有个很有钱的人家排船，雇用工匠几十人。可是主人很吝啬，管饭时很少给白馍、米饭、好酒、荤菜，几乎顿顿是大饼子就咸鱼，伙计们十分气愤，暗暗给船起了个“苞米饼子”的绰号，没等上绵梁，伙计们就悄悄地叫起来了。船下河了，主人不依，可是三里五乡都叫开了。所以，越是忌讳的，越传得快，叫得响。

有的船式样造得很憨，齐头齐

岸边的渔船

尾，肚大腰宽，能吃载不能跑，则被谑称为“大猪圈”；有的船身骨轻，同样的风海，总跑在别人前头，于是，“飞毛腿”的绰号自然而生。即使有点贬义的绰号，往往船主也引以为荣，因为它显示了自家船的特点和个性。

有的渔船的绰号，本身就是一个惊险的故事。20 世纪 60 年代初的一个春天，渤海湾渔场上正在作业的北隍城岛的几只渔轮，收到当夜有大风的警报，傍晚陆续返航归港。一只绰号叫“老母鸡”的渔轮“鲁长渔 1203 号”，在返航途中演绎了一个“十五贯”的故事。

船长家住在船坞附近，这是一只从烟台渔业公司购买的退役船，下坞不久，便投入拖网作业。渔船下坞那天，船上挂红，鸣放鞭炮，村里老小都来观看。船的绰号在这喜庆的日子里就故而得。

这天晌午，船长家一只老母鸡正领着一群刚出窝不久的小鸡在门口“咯咯”地觅食。突然，从墙角蹿出一只野猫，叼起一只小鸡便跑。老母鸡见此情景，像挖了它的心似的，竖毛撅尾，连飞带跑，拼命追逐。战斗在扑打、撕咬中，野猫败下阵来，终于吓跑了，雏鸡脱了“虎口”。在场的人都为老母鸡道好。于是，当场就把“老母鸡”赐给了这只船。

无巧不成书，这个重返渔场的“老兵”，却应了人们的心愿，在生死关头立了“新传”。

茫茫夜海，风起浪涌。“老母鸡”在返航的路上颠簸前进。船上，除船长操舵，大车（轮机长）在机舱值班外，伙计们都下铺休息。午夜时分，大车爬出机舱解手，恍惚中，他发现有截渔网搭在船帮上。渔船最忌网衣、绳索拖泥带水，一旦落水缠摆，船将有“翅”不会飞，有腿不能行。于是，他急忙上前去拽。不料，脚下一滑，失足落水。呼叫声被机器声、风浪声淹埋了，大车被“老母鸡”无情地抛在后边的浪窝里。

“天有不测风云，人有旦夕祸福。”就在大车绝望的时候，“十五贯”上演了。一场奇船、奇人、奇难、奇救的悲喜剧都由一个“巧”字构成。正在前进的“老母鸡”一反常态，奇迹般地节节后退，像一匹知情的战马回头去搭救他失落的主人那样，真是人船有缘，草木有情。顿时，船长对于这突变的航情惊愕不解，急摇减速车令，但机舱内毫无反应，“老母鸡”仍在迅速地倒退着。这时，一个还没入睡的船员亦感困惑，被叫醒的伙计们纷纷冲出宿舱，打开探照灯。正当大家寻找值班的大车时，只听左舷的洋面上有呼救声，船员们立即把一根救援的缆绳准确地甩到难者的眼前，大车被救上来了。这个传奇式的故事，便被涂上了神秘的色彩。

那么，奇迹到底是怎样发生的呢？原来，失足落水的大车在机舱值班时，坐的是一条高脚方凳，在他出舱落水后，由于船体颠簸，凳子被晃倒，恰好打在倒车的操作杆上，促使渔船节节后退，一直退到出事地点，船才被控制。大车遇难呈祥，就像“老母鸡”去营救它的儿女一样。从此，“老母鸡”船的名声更响了。

船上禁忌与习俗

风帆时代，船上的禁忌很多，久而久之，以致形成一种规俗，需严格遵守。

青少年第一次上船出海，不论当香童、大师傅或是干伙计，腰上都要系红褡布、带香荷包，以示吉庆、招福、去恶、避邪。渔船靠岸后，妇女不得上船，更忌跨网、跨橹，说是“臊”了船，不吉利。渔民在船上吃饭，筷子不可放在碗上，因似船搁浅或遇难放倒大桅，预兆有灾。勺、碗、盆、瓢不能扣放，认为“底”不能朝上。伙计在船上大小便，多在船尾处，在船的下风头，绝不允许在船头，有的渔船朝哪个方向小便都有规定。其禁忌口令是：早不朝东，夜不朝西，午不朝南，永不朝北。因早晨太阳在东，晚上在西，午间在南，北斗星在北。在导航设备简陋的风帆时代，渔民依据天物导航全凭北斗星定向，如朝北小便，认为船会迷失方向。

在渔船这块天地里，坐、立、行、走都有规矩。在船上不准背手，“背”与“顺”相逆，“背”意味着运气不佳，发财无望，也意味着思想松弛，人心相背。在船上严禁吹口哨。“吹”象征不利。走动要轻慢，不可蹦跳。船上有两处不可坐，一是船头，二是后主(拴缆木柱)。

过春节时，渔船拉上岸，经过一冬的修整、油漆，胜似新建的房舍，寄托着渔家来年的希冀。腊月三十，渔家都上船封对子(贴对联)。常用联为：“船头无浪行千里，舵后生风送万程”，“九曲三弯随舵转，五湖四海任舟行”，“大将军(指大桅杆)八面威风”，“二将军百灵相助”等；横幅为：“龙头生金角”，“虎口配银牙”(龙头、虎口指船头供起落锚和固定缆绳的桩柱)，“海不扬波”，“一网两船”，“金银满舱”等。同时，船上挂大吊子(即镶白边的长条红布，面上有白布剪刻的“风调雨顺”或“天后圣母”字样，左下侧有船名)。入夜，到船上掌灯、烧香锞、放鞭炮、跪拜磕头，其红火场面，不亚于初一起五更。

热闹的祭海仪式

午夜，给祖先发纸叩拜后，去海沿接喜神、财神。按事先在财神谱上查到喜神财神的方位，连连叩首，口中念念有词。

正月十五夜，打锣鼓上船送灯。有面做的六兽灯、煤油灯和蜡烛。此刻，船上的前灶舱、太平舱、后铺舱，船头、船尾、船钵，无处不亮。有的手提灯笼绕船几周，以求光照全船，满船生辉。

你知道吗

船上最忌的用语是哪两个

船上用语，最忌“翻扣”和“破碎”。久之，大凡说“翻个个儿”的事物，被“划一戗”取代，器皿打碎了，都说“笑了”。风帆时代，船在海上遇难，向娘娘许愿，若风后幸存，即到庙上还愿。有的送灯，有的杀猪宰羊上供，有的送船模，还有的请戏班唱戏。对于向娘娘的许诺，要绝对言而有信。

祭海仪式上的祭祀品

风网船从家出海时，先到南帮(蓬莱、烟台一带)买吃米和酒、肉、油、盐、香、纸、蜡、锞等。所备之物，必买猪心，按人分份下酒，旨在心往一处想、劲往一处使，不可三心二意。不论在东洋、西洋，打上第一网黄花鱼，需挑拣四条做熟，盛于钵中，在船头摆供，名曰祭龙王。此刻，烧香纸、鸣鞭炮，全体船员整装跪拜，祈祷丰收。祭毕，将鱼倒入大海，以示四季发财。有的手持捞鱼兜做从水中往舱里捞鱼动作，并同唱渔歌："顿顿浆啊，装大舱啊，装舱起哟，嗨哟吼哟！"

渔船靠岸站锚时，也有规俗。船老大发出锚令后，抛锚人掀起锚尾投锚时，要喊"给锚了！"意在告知龙王闪开。以示尊崇，另意通知伙计开始封扎、收拾船上用具。

渔船丰收归港，如同打了胜仗，升起大吊子，如发大财，则大小桅都挂吊子，向邻船与岸上人报喜。到岸后，船主杀猪庆贺。有的抬一头猪到庙上供，焚烧涂有猪血的纸钱或金银纸锞，隆重地拜祭，要烧"整提锞"，即金银元宝各50个。拜庙归来，将猪的头、蹄、后肘分送给把头和大师傅们。午间，大肉、大菜、小米干饭，招待船员家属和亲戚邻里，差不多全村儿童甚至过路人都受犒赏。新中国成立后，一些陈规陋习渐被淘汰。

船老大需懂的闯海谣

一个称职的船老大，平时要识潮懂流，能走四洋水，会借八面风。风浪路上，雨雾天里，更要比常人多出一个心眼儿，超出一筹胜算。他们创造出的这些闯海使船的口头经典，都是在实践中积累起来的，且代代相传。

"老大不懂流，累坏伙计肉"，说的是老大要知道潮汐的时间，流向流速的更变，以利趁潮借流，抓住时机，节省人力。“夜间航行看指位(北斗星)，雾天航行靠捞水(测水深底质)”，说的是利用天象、地物来导航,从而摆脱险情,走出困境。“眼看旗子耳听风,篷头打呼舵不正”这是船在航行中，借风使舵技术的要领。看旗、听风是“借风”的前提，“篷头打呼”要及时调舵，才能使风帆充分利用风力，驱船前进。

在生产实践中，“行船看风向，撒网看流向”，“绕边追鱼，顶流撒网”，“天晴水清鱼煞底，风过水浑鱼走漂”，“黄花鱼，头汛旺，骑着谷雨到网场”。对于这些技术和机遇，闯海人是用韵律和谐的语言形式总结传世的。而渔船在防险、抗灾、救助中的教训也很多：“船上没有压底儿载，好似树木没有根”，道出了船载货物头重脚轻吃了大亏；“能装死载一千，不装活载八百”,说出了运载中的大忌;“行船要防跨腰浪，要活就跑顶头风”，说的是防风抗浪的操舵技术；“大海行船防扣浪，靠山收港防撩风”，论的是船被山的涡旋气流扑倒在港口的教训。这些谚谣，是渔民在长期海猎生活中，用生命和财产为代价换来的。

渔船在救助中，也有实践经验：“大船救人先甩绳，小船救人用船腚。”大船，船体高，目标大，相距远，甩绳抛物救助，无论对救助者与被救助者都安全；小船，船体矮小，灵活机动，容易控制，船尾低平，以“退势”救助，直接、省事，把握性大,对自身与他人都无危险。

“大船见山如见虎，小船见山如见母。”山的周围，水浅、礁多，且有山崖撩风涡旋，大船机动性差，应远离行驶或锚泊；小船机动灵活，没有“树大招风”之嫌，靠近山岛避风锚泊或行船作业，恰好利用地形。

潮汐与闯海使船关系极为密切。如锚泊、进港、出港、搁浅、潮流、上坞、下坞、垂钓、下网等都离不开潮汐作“参谋”。大凡港湾口门浅的，渔船需趁潮出港待航；有经验的老渔民总是掐算着潮汐涨落的间隙下钩垂钓；搁浅了的渔船，可据潮汐的规律，推算最高潮升的时间……所以，渔家便有了“十二三，正晌干(低潮)，初五二十五正晌满(高潮)”，“十八九，两头不得手”，“十五六，吃晌以后”，“初三水，十八潮，二十四五胡吊闹(初三、十八流大，二十四五流小)”和“退潮没枯又涨潮，不出三天有风闹”等谚谣。

你知道吗

长岛渔家什么时候开始有了现代天气设备

长岛渔家自1954年开始在渔船上配备收音机,可收听气象预报。那时,船上有专职负责收听预报的。如有大风警报,山顶岸边显眼处的高杆上就会升起风信球,在水产部门和渔临管站部门的小黑板上,都有天气预报的记录。每当风暴来临前,从省到市,从县到乡,逐级下达大风信息,村里的广播喇叭,一遍遍地广播防风通知,渔民们收港避风,加锚固缆,以“守势”备战,抗灾、减灾。在岛上,天气预报是人们信息交流中必然涉及的内容。特别是大风警报,传递的人多面广。有许多出岛、进岛的日程,会议的召开,工作的安排,都要依据气象而定。渔家的防风意识,抗灾理念,都“绷”得紧紧地。在收音机、电视机普及后,人们把收听、收视气象预报当作头等大事。

后来,渔家的闯海谣也被沿用到日常生活当中。“东风西流水,长翅又生腿”,说的是船行顺风顺流,如同快马加鞭。所以,外出办事,一旦顺利,马到成功,人们便借用“东风西流水”做比喻,既简练,又形象。

渔家这些口头格言,无论是借风用流、捕捉渔汛、装载运输,还是抗风抵流、测算潮汐、抢险救灾、下网垂钓,都生动、形象、易记、易传,充分表现了渔民利用自然或与自然抗衡的聪明与才智。它是风帆时代的口头文学、科研警句和海洋文化的民间史料。

第四章
饶有趣味的海洋故事

浩渺的海洋不仅给了人类丰厚的物质财富，更衍生出无数扣人心弦的故事娱乐人们的精神世界。你知道海上照妖镜吗？你听说过唐太宗与海的奇闻轶事吗？你知道会“织睡衣”的鱼吗？下面就让我一起聆听这些饶有趣味的海洋故事吧！

第一节　海洋动物趣事多

海洋“旅行家”的“指南针”

芸芸众水生家族中不乏“旅行家”：大马哈鱼“少小离家老大还”，不远千里寻故乡；鳗鲡夫妇新婚蜜月去旅行，万里之外营造“爱情伊甸园”；大洋“游子”金枪鱼，定期洄游不失约；航海名家大海龟遨游数年不迷航……

这些长途“旅行家”们出江河、过大洋、越险滩、绕暗礁、顶激流、搏恶浪，旅行千万里、离乡三四载仍识路知途。人们不禁要问：它们靠什么定位导航呢？

中国东北黑龙江是大马哈鱼的产卵地之一。当大马哈鱼夫妇完成了繁衍后代的任务后，便耗尽了能量与世长辞。小幼鱼告别故乡，出黑龙江口，绕过库页岛，穿越千岛群岛，横渡鄂霍次克海，来到日本东北部的大洋中生活。一晃四年过去了，随着年龄的增长，大马哈鱼思乡心愈切。于是，它们便成群结队以每小时40千米的速度，一路艰辛返回故乡。不知经过了多少年多少代，大马哈鱼这条“家规”始终不曾更改。

你知道吗

“船眼睛”能导航吗

其实，“船眼睛”就是一种船饰，然而善良的渔民却对这双“船眼睛”十分信仰、珍视，这是他们美好愿望的一种寄托。这些船眼多用乌龙木或樟木制作，相传乌龙木是东海乌龙的化身，用它做成的眼睛能辨识航向，不迷航，还能搜索到鱼群。船眼做好后，要请风水先生选定黄道吉日，付给大木师傅双份工钱外加一个大红包。大木师傅先按五行用五色彩条捆扎好用来做船眼珠子的银钉，再用银钉把船眼嵌钉到船头，然后用红布蒙上眼睛——封眼。待新船下水时，由船主揭去红布，敲锣打鼓放鞭炮，此为启眼；然后，焚香燃烛，鸣放爆竹，披红带彩，新船赴水，遨游海洋。

长途旅行的大马哈鱼靠什么导航识家呢？科学家试验表明，它是靠嗅觉导航的。

美国科学家曾做过有趣的试验。在距离西雅图湾 24 千米的地方，有一条 Y 形小河，每个河汊中都居住着一个大马哈鱼的家族。当这一年大马哈鱼返故乡时，科学家们捕捞了一些鱼，给其中一半鱼的鼻子塞上了棉花，并在鱼体上做了标记，然后把所捕捞的鱼在小河汊下游放掉。结果，被塞住鼻孔的鱼东碰西撞，找不到出生地了；而未被塞住鼻孔的大马哈鱼却顺利地返回了。

碧波下的“牧渔童”

在辽阔的草原上，雪白的羊群欢快奔跑，机灵的牧羊犬忠实地护卫着羊群，不时将“掉队”的绵羊领回队伍中。

在白雪皑皑的北国森林，几只骁勇的猎狗激烈地同黑熊厮斗，直到黑熊精疲力尽被猎人所获。

在茫茫大海中，也有人类的“牧渔童”。

海豚善于充当海中“牧渔童”的角色。海豚最喜欢吃鱼，又擅长游泳，因此，它经常围追堵截鱼群。海豚追鱼十分有趣。

你知道吗

什么是海豚

海豚（Dolphins）是体型较小的鲸类，共有近 62 种，分布于世界各大洋，主要以小鱼、乌贼、虾、蟹为食。海豚是一种本领超群、聪明伶俐的海洋哺乳动物。

夏天来临，这是海豚追捕风鲚鱼的好时机。夜间，海豚不取食，清晨，当太阳从海里跳出来时，它们便开始追鱼了。它们分成一个个小组，在海中漫游，一旦发现鱼群，如果各群海豚相距较远，最前面的那群海豚就连续跃出水面，在空中做“前滚翻”，召唤后续海豚群从四面八方前来围截鱼群。将鱼群围住后，海豚们发出“吱吱”叫声，鱼群一听到这种声音，吓得聚集在

跃起的海豚

一起，不敢轻举妄动。海豚还会把鱼群赶到它们想去的地方。苏联黑海地区的渔民不止一次看到，海豚排着队，把鱼群追过巴拉克瓦湾很窄的入口，赶到海湾里去。在这种情况下，渔船只要跟着海豚走，就能捕到鱼。

在很久以前，非洲提米里斯湾沿岸的居民，发现海豚追鱼这一奇妙现象后，就利用海豚帮助他们捕鱼。当渔民从渔船桅杆顶的瞭望台发现鱼群时，他们就使劲哗哗地拍打水面，为的是把海豚吸引来。爱嬉戏的海豚闻声赶来后，把鱼群赶进了张开的渔网中。

法国著名生物声学家布斯耐尔教授有一个有趣的发现，即用木棒击水可以引来海豚，因为木棒击水声音很像海豚最喜欢吃的一种鱼发出的声音。人们将网支在岸边的浅水中，然后用木棒“啪、啪”击水，海豚闻声驱赶鱼群而来。成千上万的鱼儿惊恐逃命，纷纷涌到岸边，自投渔网。

在茫茫大海上，要想准确地发现鱼群，不是件容易的事。人们可以让海豚当“向导”。美国加利福尼亚州和墨西哥的渔民在大洋捕捞金枪鱼时，先要寻找海豚。因为海豚常与金枪鱼为伴，有海豚当“向导”，就很容易找到金枪鱼。美国金枪鱼船队捕获的金枪鱼，90%靠海豚作“向导”。

鉴于海豚和鱼群的关系不一般，美国圣迭戈水下研究中心学者埃文斯建议，将一只海豚拴上无线电发信机，然后在海洋上启动声呐跟踪它，这样就可以大大提高捕鱼效率。

时温耐寒两相宜

1936年的一天，法国旅行家安让·雷普乘船漫游北太平洋。航行途中，突遇狂风，小船被打翻，他被掀进大海。雷普在波涛中挣扎着，最后被浪卷到千岛群岛的伊都鲁普岛上。

此时，饥肠辘辘的雷普，庆幸捆在身上的炊具袋还没被风浪卷走。他支起小锅，四下寻觅着食物，在不远的小河中漂浮着几条肚皮朝天的“死鱼”。雷普如获至宝，连忙把鱼捞起，下锅煮起来。煮了一会儿，揭开锅盖一看，不禁大吃一惊：锅里的鱼竟然活了！正在锅里摇头摆尾游泳呢！他用手试了一下锅中的水温，估计最低也有50℃，死鱼怎么能煮活呢？

原来，这个小岛是座火山岛，火山口是个小湖泊。由于火山活动，湖水变热，水温高达63℃。在温度这样高的水中，竟有一种小鱼生活着。它们在热水中生活惯了，一到温度稍低的水中，就会冻得“不省鱼事”。雷普把它们放在锅里一煮，鱼就活了。

水生家族中不乏这种“耐温将军”。像美国加利福尼亚的小鳉鱼就生活在52℃的温泉中。在中国云南48℃的温泉中，也有鱼类生活。据资料记载：在肯尼亚的列夫脱山谷谷底，有一个马加迪湖，那里水温高达80℃～120℃，却生活着小罗非鱼。

鱼类究竟能耐多高的温度？有两位法国学者用绚鱼、鲇鱼、丁鲑鱼和鳗鲡做实验，发现它们在温度为73℃～75℃的水中生活得十分自如；当水温升到93℃时，它们的呼吸就受到了影响；到99℃时，鱼体失去平衡；温度再往上升到106℃时，鱼儿昏迷，在113℃的水温中才死去。

1988年9月，在离美国奥列根海岸300多千米的海域，科研人员乘坐潜艇在2700米深的海底，发现了一个热泉，热泉喷出的水温高达400℃。使科研人员大为吃惊的是，在那么高温的水中，居然生长着一些生物，其中有管虫、细菌和巨大的蛤类。这一发现，推翻了生命不能存在于沸点以上高温中的结论。

科学家们还发现，如金枪鱼、鲔鱼、青鲛鱼，它们的体温竟比水还高。原来，一般鱼类是由静脉中的血将热量输送到鳃，然后散发出去。而在青鲛鱼等鱼类的体内，热量是在静脉中的血流到鳃以前就被吸收到全身，这样，它们的体温总是比水温高5℃～10℃。

鲜嫩的金枪鱼肉

在鱼类家族中，有耐高温鱼，也有抗严寒的鱼。最耐寒的鱼要数生活于两极海域的鱼类，能在 –1.8℃的水里游泳。在南极海域里这样耐寒的鱼约有 90 种。其中有一种黑鱼竟可在 –2℃ ~ –3℃的冰中冰冻数周，解冻后仍能复苏。

有这样一个有趣的故事。一次，生活在西伯利亚的猎人牵着猎狗外出打猎，途中，猎狗发现一块冰里包裹着一条黑鱼，它就一口连鱼带冰吞到肚里。冰块在狗肚里融化了，黑鱼便乱蹦乱跳起来，狗疼痛难忍，于是吐出黑鱼。小黑鱼在冰上蹦了几下，便钻进冰窟窿里逃之大吉了。

曾经有一位名叫盖尔的博士做过一个有趣的实验。在一个寒冷的冬天，他收集了数十条小泥鲑鱼，将它们放进一个大玻璃瓶里养着。后来水冻成了冰，玻璃瓶被冻裂，盖尔博士将冰块融化，结果所有的鱼又都复活了。

实际上，有些鱼在温度极低时可以进入近似休眠的状态，而且可以在一段时间内在冰冻状态下生存。此时，它们体内的液体仍然没有冻结。在纽芬兰附近冰封水域中，科学家发现了一种比目鱼，它生活在 –2℃的海水中，仍然安然无恙！

这些鱼儿为什么不怕冻呢？加拿大科学家弗莱彻发现，鱼的血液中有一种抗冻蛋白。鱼类在冬季可以合成一种特殊的蛋白质，用来调节渗透压，使血液中的凝固点下降。这种特殊的抗冻蛋白，从入冬的 11 月份起在鱼体内增加，在来年 1 ~ 2 月份达到高潮，到了 5 月份时便开始逐渐减少。

鱼与对虾的轶事

1. 鱼原来有腿

最初的鱼和一般动物一样，是有四条腿的。可是后来这腿就没有了，这是怎么一回事呢？

盘古时期，天和地距离很近，伸手就能摸着。由于天太低，人和动物都憋得难受。

女娲下凡巡视，看到天和地这个样子，很难受，决心把天支得高高的。可是想了很久也没想出个好主意来。一天，她看到一群野兽又跑又跳，四只腿支撑着它们肥大的身体，便灵机一动：用四根柱子把天支起来该多好啊！但这柱子必须是四条腿的野兽献出来,化作天柱，才能把天顶高。可是，谁肯把自己的腿献出来呢？

她找豺、狼、虎、豹商量，它们却连连摇头，说："不行，不行，我们一共才四条腿，砍去了，怎么走路？你还是向别人去要吧！"

碰到牛、马、熊、鱼，女娲说："天和地连在一起，你们不觉得憋得慌吗？"它们回答："难受死了！"女娲说："我有办法把你的四条腿化作四根擎天柱，把天顶高，那样，大家就能快快活活地过日子啦，你们谁愿意呢？"

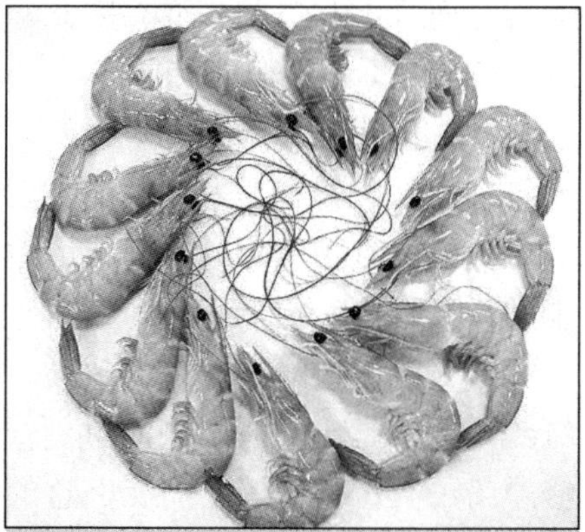
对虾

牛、马、熊都连连摇头。并急忙走开了。

鱼没有走，用四条腿站在那里。

女娲问："你愿把腿献出来么？"

鱼回答："反正要有人把腿献出来，才能把天顶高，那就砍我的吧！"

"砍去了腿，不能走路，你不后悔吗？"

"天高地阔了，大家都能快活地生活，我后悔什么呢？"

鱼献出了腿，血流如注。疼痛难忍。女娲赶紧掏出一条手帕，把伤口包扎起来，打了个结子。

女娲把鱼腿分别放在东、南、西、北四个角，吹了口气，这四条腿就生根了，长高了，很快变成四根又粗又大的天柱，把天支得牢牢的。

鱼看到自己的腿撑住了天，无比高兴。女娲说。"多谢你献了腿。从今以后，我把你放到大海里去，你就在那里过日子吧！"

鱼滚进大海，手帕打成的结子变成了鳍，靠着尾巴和鳍的划动，畅游在广阔的大海里。

2. 对虾成"对"吗

我们平常吃的对虾，在海里游弋、生长，并不一定成双成对。但为什么称之为"对虾"呢？这里面有一段有趣的故事。

民间传说，有一次老龙王过寿，龙王的女儿三公主要给父亲送寿礼，就派两名虾丫环送去两盘寿桃。哪知这位丫环初到龙宫，便被那些五彩缤纷的奇花异草吸引住了，把送寿桃的事忘得一干二净，玩了三天也没回去见龙女复命。

老龙王责怪女儿不送寿礼，三公主说不对呀，两个虾丫环已在三天前就送去了呀。后来终于弄清了原委，三公主气得火冒三丈，如实禀告了父王。老龙王听了，就把龟丞相找来说："三公主的两名虾丫鬟骗取寿桃，至今不见踪影，快去把她俩找来治罪！"龟丞相领命，急带人在宫内寻找，发现那两名丫鬟正在花园里玩得开心呢！就立即抓住带到了水晶宫。

哪知两个虾丫鬟立而不跪，眼睛傲慢地直瞪着上空，龙王大怒。龟丞相急忙奏道："龙王息怒，虾子只能圈只会站，不会跪，眼睛长在脑顶上，只会向前走，不会向后退。像这种人不配给公主当丫鬟，只配给龙王作虾兵！"龙王一听，马上说："那就给这一对虾每人发一支长枪，让她们当兵去吧！"从此，这两个使女改名叫"对虾"，鼻梁上插一支锋利无比的长枪，行军打仗，相互配合，倒也干得不错。但毕竟改行了，远不如跟着三公主舒服。

后来，人们把这种出门不归的现象编成童谣：对对虾，对对虾，出了门，忘了家。

鱼儿有趣的呼吸

同人一样，水生家族也是离不开氧气的。浩瀚海洋，鱼儿繁多。众多的水生家族呼吸方式亦不尽相同，这一呼一吸，一吐一纳，引出不少奇妙的故事。

我们知道，大多数鱼儿是用鳃呼吸的。鱼的头部两侧生长着两个鳃裂，鳃片是由梳子状整齐排列的鳃丝组成的，鳃丝上密布着红色的微血管。鱼类的嘴一张一合，就把水吞入口中，水经过鳃丝时，上面的微血管就摄取了水中的氧气，同时把二氧化碳排到了水中。鱼类也有鼻子，但它的鼻子只是一种嗅觉器官，而且不和口腔相通，因此，它的鼻子是不能用来呼吸的。

有些鱼儿除了用鳃呼吸之外，还有辅助呼吸器官，一旦生活环境和生活方式有了变化，它们就启用辅助呼吸器官，维持生存。

鳗鲡是一种酷爱旅游的鱼类。每到雨季，是它们最高兴的时刻，鳗鲡纷纷弃家出游。它们从栖息的河流、湖泊中爬上岸来，穿过潮湿的草地，越过田埂，从一个水域迁移到另一个水域去会四方朋友，品八方佳肴。到了夏末秋初，鳗鲡就要离家去“长途旅行”。它们不顾田野、草地和道路的阻隔，从江河出来，奔向大海，进行三四千千米的旅行。鳗鲡离开江河上了陆地之后，就不用鳃而用皮肤呼吸了。它身上的鳞已退化，皮肤特别薄，上面布满了微血管，可直接与空气交换，达到呼吸的目的。这种呼吸就叫“皮肤呼吸”。

酷爱旅游的鳗鲡

海蛇在海水中潜行，所需的氧气 2/3 靠肺部从海面吸足，剩下的 1/3 氧气就要靠皮肤从海水中吸取。海蛇有一个不完全分隔的心室，这与哺乳动物的心脏相比是一种原始的特征。在哺乳动物中，血液在周身循环后返回心脏再到肺部进行气体交换，摄取氧气后再返回心脏进行下一次体循环。如果海蛇也采用这种循环方式的话，那么氧气必将很快被消耗光。事实上，海蛇的血液绕过肺部被压送到皮下毛细血管。这样，血液可以从周围海水中吸收氧气，排出二氧化碳和血液中的氮。倘若海蛇不用这种方式排出血液中的氮，当海蛇快速浮出水面时，血液中的氮就会因压力减小而生成气泡，阻碍血液流通，使海蛇患上“潜水病”而死亡。

你知道吗

海底“长寿冠军”

20 世纪 70 年代初，生物学家在南太平洋的深海处，捕获一条绿绒线海蛇，经鉴定，这条海蛇竟然有 1687 个环圈（所谓环圈就是像树木的年轮一样，一年成一圈），这样算来，这条海蛇已活了1687年。更令人震惊的是，它的尾部还相当光滑，说明这条蛇还处在幼年期，推算来看，这条蛇还可以活到 12 万岁。当然现在仅仅发现这么一条，还没发现第二条借以佐证，因而也只能称作奇闻而已。

泥鳅除了用鳃、皮肤呼吸之外，还可以用肠子呼吸。当水中氧气缺乏时，如果用鳃呼吸就满足不了生活的需要。这时，人们就会看到泥鳅把脑袋伸出水面，用口直接吸入空气，并暂时用肠子代替鳃进行呼吸。泥鳅的肠子不像普通鱼的肠子那样在肚子里七绕八缠的。它的肠子把食道和肛门通连在一起，形成一条直管，而且薄得像肠衣那样透明，上面布满了毛细血管。这条直来直去的肠子既有消化食物的功能，又有呼吸的功能。当空气被吞到肠子里以后，肠壁上的血管就吸取了其中的氧气，剩下的气体和从血液中放出的二氧化碳，就由肛门排出。因此，泥鳅特爱“放屁”。

泥鳅

“缘木求鱼”这个成语，出自孟子之口。对生活在北方的孟子看来，爬到树上去捉鱼，是件荒诞的事情。可孟子不知，中国南方有一种攀鲈鱼，就能爬到树上捉昆虫吃。从表面上看，攀鲈鱼与其他鱼类没什么两样，但是它的鳃盖、腹鳍和臀鳍上都生有坚硬的棘，它就是依靠这些棘来攀登上树的。那么，它长时间离开水，靠什么来呼吸呢？原来，它的鳃腔内有个“辅助呼吸器”。它的鳃腔背部生有像木耳一样皱褶的薄骨片，叫迷路囊，上面有丰富的微血管，能够呼吸空气，维持生存。

螃蟹呼吸时，需要鳃和腿相配合。螃蟹生活在水中时，从螯足的基部吸进新鲜海水，水里溶解的氧就进入鳃的毛细血管，水从鳃流过后由口器的两边吐出。在澳大利亚昆士兰州的海边上，有一种股窗蟹，当它在海滩上匆匆为生计奔忙时，时而会突然停下，抬起腿，像是稍事歇息，又像在谛听什么。其实，它是在用腿进行呼吸。它的腿上长了片薄膜，像是开了扇窗户，可专门用来呼吸，如将其堵上，它就会窒息而死。

有些鱼类在海中不同水层采取不同的呼吸方式。鳐鱼有扁扁的身子和长长的尾巴，活像一把大蒲扇。它的口和外鳃孔长在腹面上。在水中游泳时，它就用口和鳃来呼吸。当它匍匐在海底柔软的泥沙上时，就不能采用这种呼吸方法了，因为这样会把泥沙和水一起吸入，从而把脆弱的鳃丝阻塞。这时，鳐就得改变呼吸方式，利用背部的喷水孔来呼吸。喷水孔有一个能活动的瓣，它用喷水孔吸水，用鳃孔排水，这样就能避免泥沙进入鳃丝了。有一种比目鱼，在水中呼吸时，水从口里进鳃孔出；当它将吻部露出水面时则相反，水流就从鳃孔进去，然后从口中喷出，好似一座小小的喷水池，水可以喷出 3 厘米多高。

鳐鱼用口和鳃来呼吸

鱼类的呼吸有快有慢，在不同种类中，有时呼吸的速度相差很远。例如隆头鱼平均每分钟呼吸 12 ~ 15 次，箬鳎鱼为 30 ~ 35 次，鳗鲡为 30 ~ 40 次，鳐为 40 ~ 50 次，刺鱼为 120 次，鲑鱼为 150 次。有趣的是箱纯的呼吸，它的头部和躯干形成一个坚固的骨箱，为了使水能连续不断地流进鳃部，它只得不停地“喘气”，并不停地扇动胸鳍帮助水流过鳃部，像一个抽动的“风箱”。据观察，箱鲀在休息时，每分钟喘气达 180 次之多。

水下响起的“生物钟”

人的生活一旦形成规律之后，就寝、起床……不看表也基本守时，这是人体“生物钟”在起作用。水生家族也有“生物钟”，它们在日常生活中守时循规，留下了许多佳话。

斯堪的纳维亚半岛有一种扁鲹鱼，它的生活就守时蹈矩。每天早晨，它们成群结队从海峡的这边游到那边，在对岸休息一夜之后，又一起成群结队地返回出发地。不管刮风下雨，掀波起浪，扁鲹鱼都守时往返，从未间断。

扁鲹鱼这一习惯被一些有识之士利用，并逐渐形成了一种专门的通信方法——鱼邮。每天早晨，人们将装有信件的防水密封邮件放在海水中，让扁鲹鱼用脑袋顶到对岸。第二天，扁鲹鱼又将对岸的邮件同样地顶回来。这样周而复始，鱼儿就成了“邮递员”。

扁鲹鱼

在中国沿海的沙滩上，有一种小蟹，个头不大却生着一只大螯，渔民管它叫“招潮蟹”。它的生活与潮汐密切相关。通常，它是在落潮时出来活动，四处觅食，潮水一来，它们就匆忙进洞栖息起来，还用土块、石头或那只大螯把洞口挡住。

招潮蟹

令人惊异的是，“招潮蟹”不论从事什么活动，都会在潮水到来之前10分钟停止活动，迅速回家。而且，它们还能根据昼夜变化改变自己的体色：白天变深，晚上变浅，天一亮又变深。正如潮汐涨落的时间每天都往后推迟50分钟一样，“招潮蟹”的体色变得最深的时间每天也向后推迟50分钟。

“招潮蟹”为什么能这样准确地掌握时间？为了解开这个谜，科学家把从海边捉到的“招潮蟹”放到漆黑的实验室中，让它们远离海岸，无法看到潮汐和昼夜变化。可是，几个星期过后，它们体色最暗的时间依然是每天向后推迟50分钟。有意思的是，不同地方的“招潮蟹”改变自己体色的时间也各不相同。生活在美国大西洋沿岸马撒葡萄园岛上的“招潮蟹”，改变体色的时间要比科德角海滩上的“招潮蟹”晚4个小时。这是为什么？因为这两地存在时差，而“招潮蟹”的“生物钟”，是按照所在地的时间表调整的。

住在海边的人们都会看到，每当涨潮时，海滩上的蛤蜊、牡蛎、贻贝等海洋生物便都欣欣然张开自己的贝壳，迎接潮水的到来。一旦潮水退去，把它们暴露在沙滩上时，它们便会紧紧地闭上两扇“大门”。如果你把牡蛎从海边拿到实验室，使它们远离大海，它们的活动规律仍然会保持潮汐的节律。

人们还发现，许多海洋动物的生殖活动，与月亮的运动规律有着密切的关系。

在美国加利福尼亚沿岸，有一种棘鳍鱼，它们总是利用月圆后的一次大潮，乘着高潮时的海浪冲上海滩。然后，它们经过忸怩的求爱动作，双双配成夫妻，开始生儿育女。那些受精卵就在海滩中发育成长，等待着半个月后的下一次大潮，以便再随退潮回到大海中去。

印度洋圣诞岛被称为“红蟹王国”，岛上有成万上亿只红蟹。每年的晚春，当雨季到来的时候，红蟹便开始了例行的“生殖大迁移”。从森林到海滩的道路上，到处是成群结队的红蟹在爬行，像一股巨大的红潮在流动。

红蟹迁移时很有规矩，大个的雄蟹任开路先锋，接着是庞大的雌蟹队伍，小蟹和幼蟹充任后卫。这浩浩荡荡的红蟹队伍一边行军，一边当“清洁工”，把路上的落叶、落果和凋谢的花朵乃至死鸟死尸吃得干干净净。有人甚至看到过一只红蟹还夹咬一个冒烟的烟蒂呢。

红蟹

大雄蟹 5 ~ 7 天能抵达海边。一到海滩，它们便泡在海中，迅速补充长途跋涉中损失掉的水分和盐分，接着，便在海滩上挖洞建造新房。一天之后，雌蟹也赶到了。短短的“洞房之夜”后，雄蟹便在海水中再浸泡一次，恋恋不舍地踏上了艰苦的归程。12 天后，大腹便便的雌蟹走出洞房到海里产下幼蟹后，也踏上了漫长的归途。小蟹长到 5 毫米宽时，便告别海洋，向父母的居住地——大森林爬去。

科学家观察发现，红蟹产卵迁移的时间与月亮的周期有关。几年中，他们将历次红蟹迁移的时间与月亮周期比较，找出了规律：在海滩上看到红蟹孵出幼蟹时，肯定是下弦月的三天中。

水生家族的“生物钟”安装在身体什么部位呢？最初人们认为“生物钟”一定存在于动物的大脑里，因为大脑支配全身的活动。可是，许多证据表明，单细胞生物也有“生物钟”。例如海洋中的单细胞藻类能准确地按照一定的时间规律进行光合作用。有人把动物的心脏细胞分离出来，发现它们仍有 24 小时周期性运动节律。这说明，“生物钟”存在于细胞中。

科学家发现，某些动物的“生物钟”可以存在于身体的某一部分中。例如，绿海蟹的“生物钟”之谜可以通过其眼柄的功能加以揭示。我们知道，海蟹的眼睛长在一对肉柄上，也就是头部两个小小的突起。当生物学家把海蟹的眼柄摘除后，它原来的运动节律便中止了。这是为什么？是不是由于海蟹失去了视觉的缘故？人们又做了一个试验，摘除了海蟹眼柄末梢的视网膜，而保留眼柄，发现海蟹仍然保持原来的运动节律。这说明它的眼柄起着

海蟹

控制生物体运动节律的作用。它是通过眼柄分泌出来的一种激素，达到控制运动节律的目的。这种激素可以说是“生物钟”的“钟摆”。

有神奇功能的鱼尾巴

人们吃鱼时，对于由刺状的硬骨或软骨支撑薄膜构成的鱼尾巴往往不屑一顾，或者在下锅之前干脆一刀将其剁掉。但是，鱼类的尾巴，并非只是给鱼儿们添个摆设和累赘。鱼尾巴除了有推进和转向作用外，还有许多鲜为人知的特异功能，并引出了一串串奇妙的故事。

中国南方某军港。落潮时，港池护岸下面裸露出一片烂泥滩。一条条弹涂鱼从洞穴里拱出来，甩甩平秃的小脑袋，凸突的两只大眼睛骨碌碌地转着，上下嘴唇紧闭着，一双似桨的前鳍支撑着身体。只见它的尾巴一弹，轻巧的身体噌地一下蹿出了1米多远。它们在泥滩上跳来弹去，捕捉食物，舒展筋骨。仔细观察就会发现，弹涂鱼不跳的时候，总是把尾巴伸到小水坑内或者插入潮乎乎的稀泥里。

弹涂鱼为什么会有这种行为呢？原来弹涂鱼用尾巴帮助呼吸。弹涂鱼在陆地上行走时，嘴里要含一口水，用来呼吸，如同潜水员身上背的气罐充满了氧气，而弹涂鱼的“气罐”就是口里的水。可是，它总得要捕捉食物呀，吃东西时，水总得咽下去，怎么办？就需要尾巴帮助呼吸。有人曾做过实验：让弹涂鱼的鳃保持湿润，把它的尾巴弄干，起初它大力跳跃，鳃盖不断地开闭着，显得呼吸急促，渐渐就疲弱下去，半死不活了。这证明，弹涂鱼的尾部表皮的毛细血管，能起到相当重要的辅助呼吸作用。

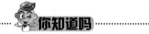

弹涂鱼

阳光明媚，海平似镜，碧蓝如缎。游艇欢快地犁开海面，艇艄怒放着朵朵雪莲，艇艉拖曳长长的雪练。游人心花怒放地倚着栏杆，观赏海上风光。突然，一条飞鱼钻出水面，张开鸟翅膀一样的宽大胸鳍，在空中滑翔。飞着飞着，它嗖地一下飞到游艇上方，一下子将一位儿童头上的小布帽顶起，尔后飞落水中，游人顿时愕然。飞鱼喜欢汗腥味，常将游人汗渍渍的帽子顶入水中。渔民们也常常举着汗衫诱捕飞鱼。

飞鱼的滑翔本领可不小，有人测试过，它的滑翔高度一般是 5 ~ 6 米，最高时可达 12.5 米，滑翔的速度为每秒 20 米左右，滑行的距离一般达 200 ~ 400 米，顺风时竟达 500 米。

飞鱼能飞，主要凭借着一对宽大的胸鳍。可是，如果没有尾巴的帮助，它也飞不起来。飞鱼起飞时，首先将身体贴近水面，将胸鳍和腹鳍贴在身体两边，然后用宽大而强硬的尾巴左右急剧摆动，产生一股强大的后助力量，使身体迅速前进，直至冲出水面。这时，胸鳍才派上用场。另外，飞鱼在空中不能用胸鳍控制方向，只能一味向前，但如果将身体后部浸入水中，用尾巴竭力击水，就可以向左右改变方向，同时还能增加速度。

你知道吗

飞鱼的“无奈”

飞鱼是生活在海洋上层的鱼类，是各种凶猛鱼类争相捕食的对象。飞鱼并不轻易跃出水面，每当遭到敌害攻击的时候，或者受到轮船引擎震荡声刺激的时候，才施展出这种本领来。可是，这一绝招并不绝对保险。有时它在空中飞翔时，往往被空中飞行的海鸟所捕获，或者落到海岛，或者撞在礁石上丧生。有时也会跌落到航行中的轮船甲板上，成为人们餐桌上的美肴。这种情况往往发生在晚上，因为飞鱼的眼力在白天敏锐，晚上常常盲目飞翔。

有些鱼的尾巴还能发射电波呢！生活在非洲的裸臀鱼，尾巴上有一个发电器官，每秒钟能发出300个电脉冲，它不停地从尾巴往外放电，在鱼体周围形成一个电场，电场的图形类似于磁铁周围的磁力线。任何目标一旦进入这个电场，就会引起电场磁力线发生变化。裸臀鱼便根据电场图形的变化，测出目标的性质、大小和形状。为了保持自己的电场图形不受干扰，裸臀鱼游泳时，不像一般的鱼呈波浪式运动，而是像手杖一样平直，使身体绷紧成一条直线。

在印度西部海域，有一种“象鼻鱼”，它的尾巴也能够发射电波，它的背鳍还能够接收电波。当它发射和接收无线电波时，在水中保持静止状态。它用这种办法搜索敌情，或是探测可供猎捕的食物。

海中有一种鱼叫赤魟，它身体扁扁的，体盘很宽，近似圆形，尾巴又细又长，活像一把芭蕉扇。一条重45千克的赤魟，体长2.94米，其中尾巴就有1.8米长。赤魟的尾巴两边各长着一排细长如针的刺。这些刺非常坚硬，能像箭一样射穿铠甲。因此，它自然成了赤红的锐利武器。每当它与其他鱼类搏斗时，就抡起尾部这根“狼牙棒”使对手无法招架，轻者受伤，重者丧命。赤鱼工的尾刺还有毒。它常栖息于近海泥沙中，如果被人踩上，它就会翘起尾巴，用尾刺刺向人腿。人被刺后，疼痛难忍，恶心呕吐，严重时还会丧命。据记载，生活在热带地区的一些土著人，曾用赤红的尾刺做成箭头，用于作战。

象鼻鱼

鱼类的尾巴在捕食时，也发挥了重要作用。长尾鲨尾巴特别长，约占全身的1/2。当它饥饿时，便蹿入鱼群，用长尾巴狠命击水，发出一种很可怕的声音，迫使鱼儿聚成一大团。然后，它用尾巴准确地将鱼一条条拨到口中，直到吃饱为止。

中国南方有一种鱼，很喜欢吃老鼠。它常常游到岸边，将尾巴伸出水面，一动不动地躺在那儿装死。老鼠闻到了鱼腥味，便兴高采烈地跑来，咬住鱼尾巴正想往上拖。这时，鱼突然往水中一蹿，反而将老鼠拖入水中。当老鼠被水呛得晕头转向时，鱼冲上去经过一番撕咬，美美地将老鼠吃掉。

弹涂鱼的尾巴在捕食中也有举足轻重的作用。与弹涂鱼一起生活在泥滩上的红钳蟹，仗着自己长着铁钳似的大螯，根本不把小小的弹涂鱼放在眼里。可是，弹涂鱼也不示弱。弹涂鱼见到红钳蟹，就用自己的尾巴不停地摆动，进行引诱。红钳蟹以为美味送上门了，就挥舞大螯，簌簌爬来，一下子将弹涂鱼的尾巴钳住。正当红钳蟹得意之际，弹涂鱼使出招来，拼命地弹跳起来。由于弹涂鱼的尾巴坚韧有力而且溜滑，相持一段时间后，红钳蟹的大螯终于被弹断，它筋疲力尽地趴在地上，再也无力和弹涂鱼较量了。这时，弹涂鱼便盘住红钳蟹，从折断的螯口处吮吸起来，美餐一顿蟹肉。

红钳蟹

第二节　有趣的海洋生物百态

名不副实的美人鱼——海牛和儒艮

古今中外，有许多关于“人鱼”和美人鱼的传说。中国古代有位叫谢中玉的人在《稽神录》一书中记有：“一腰下以鱼的妇女。常出没水中。”日本《和汉三才会图》一书记载：“……在西海的大洋中，有头像妇女，下半身像鱼的动物，无鳞，无脚。在两个鳍上有蹼，看上去似人手，常在暴风雨袭来之前出现。”古代欧洲人描绘的人鱼，也是下身似鱼，上身似妇女，有一对乳房，牛头、鸭脚，青面獠牙。尽管不同地区对美人鱼形态的描述略有不同，然而对它栖息场所的记载却都是相同的，都说它生活在海中。古代希腊、埃及关于美人鱼的传说就更是神化了，把它们说成会唱歌的美丽海妖，当水手沉醉在它那美妙的歌声里时，船便失去操纵，驶到不可知的世界，再也不能回来，而且从海难中逃回的人们也说似乎听见了歌声。那么美人鱼的名称是怎么来的？到底海洋中有没有美人鱼呢？

丑丑的儒艮

原来海牛和儒艮在胸部都有1对乳房，乳房的位置与人相似，母兽以前肢拥抱仔兽喂奶，头部和胸部露出水面，宛如人在水中游泳，故有“美人鱼”之称。海牛和儒艮的长相实在难看，上唇形成一个平的圆盘状，宛如猪的圆而平的鼻头，只是比猪的圆盘更大一些而已。整个头部为这个圆盘所占据，鼻孔被挤到头顶上，小眼睛，毛耳壳。圆盘上生有粗硬的触须。这副模样，实在是跟“美人鱼”的雅号有天壤之别。“美人鱼”这个名字，实际上是那些没有见过它的人想象出来的，本来丑陋的动物，就变成了誉满全球的十分温顺可亲的“美人鱼”了。

你知道吗

海牛的性格

在海洋动物中，没有什么动物比得上海牛更温和、更谦恭的了。它们有一种与众不同的笨拙的美，一种独特的优雅风度。这种与世无争的动物，吃的是海草、海藻，从来不给邻居找麻烦，也从来不打架，不会对人攻击，甚至海牛妈妈去救助她的幼仔时，也没有狂怒行为。生活在美国佛罗里达沿海的海牛，只有千来只，如今被沿岸50万条大小游艇所威胁，海牛的动作缓慢，来不及躲避游艇，常常被游艇螺旋桨划得皮开肉绽，但没有一条游艇被海牛攻击过。

海牛类动物代表着一群生活在海洋或江河中的哺乳动物。它们共分5种，其中一种体长7 ~ 8米，体重4 ~ 5吨的大海牛，生活在白令海域，早在240年前就被人屠尽杀绝了。世界现存四种：①生活在红海、印度洋、印尼、澳大利亚和我国台湾、广西海域中的儒艮，也叫南方小海牛；②生活在墨西哥湾和加勒比海的美洲沿岸的美洲海牛；③生活在亚马孙河的亚河海牛；④分布于由塞内加尔向南至安哥拉的非洲西岸的非洲海牛。现存的四种海牛，都是性格较为温和的食草动物。一头海牛每天大约要吃掉45千克的海藻，因而人们饲养海牛来清除海道中的杂草。它们性情温和、行动迟缓，同时不远离岸边。体长1.5 ~ 2.7米，灰白皮肤，膘肥肉胖，脂肪很厚，油可入药，可提炼润滑油，肉质软而味美，皮可制革。正因为如此，常常遭厄运，如果人类不加以保护，总有一天会灭绝。

神秘的海洋歌唱家
——座头鲸

长久以来，在航海家中流传着这样一种说法：时常从海中听到迷人的歌声。当然这种说法许多人是不信的，说是一种幻觉。但后来一位美国科学家揭开了这个谜，海洋中的确存在歌唱家，它就是躯体庞大的座头鲸。

海洋中的神秘歌声来自座头鲸，这一点已经得到确认，但是座头鲸的歌声是不是跟鸟一样，只是一种叫声呢？不是的，鸟叫声调很高，持续时间只有数秒钟，而座头鲸歌声的调子变化范围很宽，持续时间达6分钟，有的可达半小时，音质也相当动人。有独唱、二重唱、三重唱，或者许许多多交错声音的合唱。一些鲸类专家录下了这些歌声，而且他们觉得很奇怪，歌声几乎每年都有变化，有不少“新歌”，它们的歌声变化都循着一定规律进行变化，不是杂乱无章。鲸类专家还发现，各地海域不同的座头鲸，它们的歌声、格调基本是相同的。这说明同种鲸都有它们自己的共同语言——自己独特的歌声。

座头鲸

海洋中的动物，会发出叫声的很多，但没有一种动物的“歌声”像座头鲸那样富有节奏感。科学家认为，唱歌在座头鲸生活中有特别重要的意义，主要是一种通讯信号。它们依靠这种歌声，在广阔的海洋里保持同类之间的联系。

科学家通过研究发现，座头鲸唱歌的全是雄性，雌性并不唱歌。因此，人们普遍认为，座头鲸的歌声可能像小伙子们唱的情歌，是用来表达爱情的。科学家已经发现，每年春季繁殖季节，座头鲸的歌声要比往常多得多。但是，至今科学家对座头鲸这种美妙语言没有人能听懂。

座头鲸的歌声是从哪里发出来的呢？这又是一个没有解开的秘密。尽管目前听过座头鲸唱歌的人并不多，但可以肯定的是，它的声音既不是喉头发出的，也不是气孔发出的，而是透过厚厚的脂肪传出来的。这和虎鲸不同，虎鲸是利用控制气孔的孔径来发声的。据科学家推测，座头鲸很可能是利用气流发声的，因为充分的空腔可以产生带有共鸣的复合音，这种声音极像座头鲸的歌声。

利用声波通讯的不仅限于座头鲸，其他鲸类，如抹香鲸以及世界上最大的动物蓝鲸等也有此种功能。

只不过座头鲸的声音特殊，优美婉转，声音能连续，而且能从头唱起。法国生物学家在太平洋的百慕大海区记录下上百头座头鲸的“大合唱”。鲸群发出了上千种音响，有婉转的颤音、尖厉的吱吼声、吼叫声、嗡嗡声、吱吱声，像一群温习功课的小学生在大声朗诵。

海水和淡水的盐度差异很大，一般淡水含盐量只有 0.5‰，而海水含盐量可达 33‰ ~ 35‰，这就使生活在淡水和海水中的动物在分布上互相隔离。除了部分溯河产卵的鱼类外，其余大部分海中动物是不能在淡水中生活的。然而，令人不解的是，终生生活在海洋里的座头鲸竟然会游进淡水河。

1985 年 10 月 10 日，一头生活在美国夏威夷群岛海域的座头鲸游进了旧金山湾，并游了 8000 多米到达了萨克拉门托河。这一新闻立即轰动了整个美国，不同地方的人以不同的方式关心着这头鲸的动态。之后它又游到里维斯塔地区附近的河泊，在那里停了几天。10 月 15 日，它的皮肤开始腐烂，颜色由黑变灰，并且开始蜕皮。4 天后，它又游到了上游的一条灌溉渠里。

显然，淡水对座头鲸是不适宜的，美国一些科学家担心它会很快死去。为了这头鲸的安全，一场营救工作开始了。

人们想出两种方案，第一是采用水下锤击金属管的声诱方法促使它返回海洋。一开始，此法有明显效果，但不久，这头鲸又游往上游了。

第一招失灵之后，又改第二招。人们采用轰声法，促使座头鲸向下游游去。他们用 50 多条船在它身后组成一个物理和声音的屏障，这头鲸终于在人们的一片欢呼声中，通过金门大桥，返回大海。

你知道吗

座头鲸的进食

座头鲸进食的方法很奇妙，有三种方式：第一种是冲刺式进食法，将下腭张得很大，侧着或仰着身子朝食物（多半是虾群）冲过去，然后把嘴闭上，下腭下边的折皱张开，吞进大量的水和虾，最后将水排出去，把虾吞食。第二种方法叫轰赶式进食法，将尾巴向前弹，把虾赶向张开的大嘴，这种方法也是只有当虾特别密集时才适用。第三种方法是从大约 15 米深处作螺旋形姿势向上游动，并吐出许多大小不等的气泡，使最后吐出的气泡与第一个吐出的气泡同时上升到水面，形成了一种圆柱形或管形的气泡网，把猎物紧紧地包围起来，并逼向网的中心，它便在气泡圈内几乎直立地张开大嘴，吞下网内的猎物。

有一条白色条纹。

会“织睡衣”的鱼——鹦鹉鱼

鹦鹉鱼是鲈形目鹦嘴鱼科约 80 种热带珊瑚礁鱼类的统称。鹦鹉鱼体长而深，头圆钝，体色鲜艳，鳞大。其腭齿硬化演变为鹦鹉嘴状，用以从珊瑚礁上刮食藻类和珊瑚的软质部分，牙齿坚硬，能够在珊瑚上留下显著的啄食痕迹。并能用咽部的板状齿磨碎食物及珊瑚碎块。体长可达 1.2 米，重可达 20 千克。体色不一，同种中雌雄差异很大，成鱼和幼体鱼之间的差别也很大。鹦鹉鱼可以食用，但整个类群经济价值不大。

你知道吗

各个海域著名的鹦鹉鱼

带纹鹦鹉鱼是印度洋、太平洋地区的主要鹦鹉鱼，长 46 厘米，雄鱼绿、橙两色或绿、红两色，雌鱼为蓝色和黄色相间。大西洋的种类有王后鹦鹉鱼，体长约 50 厘米，雄性体色蓝，带有绿、红与橙色；而雌鱼呈淡红或紫色，

鹦鹉鱼是生活在珊瑚礁中的热带鱼类。每当涨潮的时候，大大小小的鹦鹉鱼披着绿莹莹、黄灿灿的外衣，从珊瑚礁外斜坡的深水中游到浅水礁坪和潟湖中。鹦鹉鱼有特殊的消化系统。其用它们板齿状的喙将珊瑚虫连同它们的骨骼一同啃下来，再用咽喉齿磨碎珊瑚虫，然后吞入腹中。有营养的物质被消化吸收，珊瑚的碎屑被排出体外。鹦鹉鱼的咽喉齿不像牙齿一样尖利，而是演变为条石状，咽喉齿的上颌面上凸起，正好和下面的凹处相吻合。上、下颌上各生长着一行又一行的细密尖锐的小牙齿。小牙齿密密地排列形成了许多边缘锐利的板齿。每当一大群鹦鹉鱼游过，一条条珊瑚枝条的顶端就被切掉，露出斑斑白茬。

鹦鹉鱼在繁殖后代的时候，雄鱼先撒下精子。然后，雌鱼在精子

七彩鹦鹉鱼

的中央播撒卵子。这种繁殖方式只能使一部分卵受精。而受精卵之中只有很少的一部分能成为幸运儿。

古罗马和古希腊人特别器重这种鱼，把它当作珍品，并不是因为鹦鹉鱼长得漂亮，而是因其具有团结互助的精神。据研究这种鱼的学者发现，如果鹦鹉鱼一旦不幸碰上了针钩，在千钧一发之际，它的同伴会很快赶来帮忙。如果有鹦鹉鱼被渔网围住了别的伙伴就会用牙齿咬住其尾巴，拼命从缝隙中把它拉出来。因而，一般渔民很难抓获这种鱼。

有人说鹦鹉鱼有毒，可是有些人却说鹦鹉鱼没有毒。这到底是怎么回事呢？原来，鹦鹉鱼本身是没有毒的。只不过，鹦鹉鱼的食物中有些是有毒的。鹦鹉鱼体内有分解消化毒素的器官，所以，鹦鹉鱼不会被这些毒素伤害。但是，如果人们捕获的鹦鹉鱼体内的毒素并没有完全清除，那么鹦鹉鱼食物中的毒素就会转嫁给食用鹦鹉鱼的人类。所以，许多渔民都劝贪嘴的食客不要食用鹦鹉鱼。

鹦鹉鱼会织睡衣，它们织睡衣的方式像蚕吐丝做茧似的，从嘴里吐出白色的丝，利用它的腹鳍和尾鳍的帮助，经过一两个小时织成一个囫囵的壳，这就是其睡衣。有时它的睡衣织得太硬，早上睡醒后用嘴咬不开，便会憋死在里面。而它们的伙伴绝对不会帮它咬开睡衣，因为它们觉得它们的伙伴还正在休息，不便打扰，真是新奇有趣。

狡猾的海洋猎手——虎鲸

虎鲸，也叫逆戟鲸、恶鲸，绰号“海狼”。从这些名字中就透露出一股杀气，人们就知道它像虎一样凶猛，像狼一样凶残，是海洋中的猛兽，鱼群的敌害。

虎鲸长着个纺锤形的光滑躯干，背上高高翘起一个坚韧的背鳍，穿着黑色的大礼服,有的是深灰色的。胸腹前露出雪白衬衫，眼睛后上方有着漂亮白斑，背鳍后边有一段弯弯的白色区域，那是雄兽的标志。两片横生的尾鳍如果站起来，很像立正站着的脚。当它缓缓游动时，体态优美，像个温文尔雅的绅士。虎鲸群大小不等，多者30～40头，少者3～5头。其胃口很大，有一口锋利的牙齿，加上40千米/时的游泳速度，在海洋里称王称霸。从捕获的虎鲸胃里，人们找到它的食谱。一头6米多长的虎鲸胃里有13只海豚、14只海狗；另一头虎鲸胃里吞下了14只海豹；第三头虎鲸胃

虎鲸

里发现4条小温鲸的尾鳍。

虎鲸捕食有一套妙计，它们会动脑筋，会组织起来发挥集体力量。加拿大有位鲸类专家，他亲眼见过虎鲸“围网捕鱼”的壮观场面。三群虎鲸像放羊一样秩序井然地赶着大大小小的鱼群，不久，虎鲸围成一个大圆圈，把鱼群围在中间，然后虎鲸开始跳舞一样，一对跟着一对地轮流冲进圆圈中心，对着鱼群择肥而噬。待所有的鱼都吃光了，虎鲸才自动散去。南极的虎鲸爱吃海豹和企鹅，在海水中，它们能轻而易举地将猎物捕捉住，在冰上的海豹和企鹅它们也有妙计能捕住。它们找到冰块薄弱部分，用它那沉重的鼻子，把冰压裂开，冰的另一边就慢慢翘起来，使上面的海豹和企鹅向冰底处滑，正好跃到水面虎鲸张开的大嘴里。

虎鲸群居生活，实行的是母系制。典型虎鲸群的成员有：祖母、母鲸和它的子女、孙儿孙女等。年幼的雄鲸是在母系制家族中成长的，和其他动物不同，它们是不会离开自己家族的。只有当两个不同的虎鲸群相遇时，雌雄鲸之间才会交配。雄鲸跟雌鲸交配的权力是平等的，没有强弱之分，绝不会发生因争夺配偶而展开残酷厮杀。

海洋动物学家发现，在一天中，虎鲸家族成员总有两三个小时静待在水的表层，露出巨大的背鳍，它们的胸鳍经常保持接触，显得亲热和团结。据科学家们观察，这是虎鲸扎营睡觉的姿势。在睡眠和休息时，虎鲸必须保持一定程度的清醒，不然不小心就会落入深渊，陷入险境。虎鲸为何能安然地漂浮在海面呢？因为它们的肺里充满了足够的空气。如果鲸群有一头受伤，或者发生意外，有一头失去知觉，就必须依靠同伴帮助。一般是祖母鲸或母鲸抢先用自己的身子或头部托住它，使其漂浮在海面上，否则它的生命就完结了。

虎鲸和陆地上的哺乳动物一样，需要呼吸新鲜空气。奇怪的是，鲸群所有成员，几乎都是同步进行呼吸。科学家们发现，它们做四次短而浅的潜水，再做一次时间较长、入水较深的潜水。一头虎鲸潜水时，先用尾巴猛烈拍打游来游去，尽量把美丽的鳍舒展开，口也张得很大，鳃膜凸出，可以看到鳃膜内鲜红色的鳃。在求爱过程中，雄鱼身体颜色变得特别鲜明。雄鱼由于极度兴奋而颤抖。如果雌鱼对雄鱼的求爱表现无所反应，雄鱼就会恼羞成怒，追逐雌鱼一直到它被迫跳出水面脱逃为止。在经过复杂的求爱动作后，雌鱼接受了雄鱼的求爱，接近雄鱼，接着突然横卧身体，雄鱼随即紧贴着雌鱼，并把雌鱼的身体倒转过来，使其腹部朝上，雄鱼贴在雌鱼的下面。此时雌雄鱼各排出卵子和精子。由于卵子比水重，在水中往下沉，此时在下面等待着的雄鱼用口接住，并在卵上涂上一层黏液，再向上游泳，把卵粘着在浮巢下面。尽管雄鱼斗架时非常残忍，然而它对自己的子女却爱护备至。它除在产卵前修建气泡巢外，在鱼卵孵化时一刻也不休息，维修气泡巢，经常环绕气泡巢四处游动，警惕地防范着可能入侵的敌人。

“水下魔鬼”：蝠鲼

在热带和亚热带海域，经常可以看到一些像飞机似的怪物，一下子跃出水面，以优美的姿势在水面上“展翅飞翔”。这些就是蝠鲼，它们像扇动翅膀一样慢慢振动自己特有的大鳍，时而在海面下悠闲地戏水，时而在空中翻筋斗，煞是好看。

水下魔鬼——蝠鲼

你知道吗

神秘的魔鬼

蝠鲼是魟鱼的一种，对于它在海洋世界中的活动，人们了解不多。由于体型巨大、行踪神秘，蝠鲼又被人们称作“魔鬼鱼”。2006年，澳大利亚著名的“鳄鱼猎人”就是在水下意外遭到一条蝠鲼的攻击而不幸丧生的，这一事件也给这种生物蒙上了一层神秘色彩。后来，日本一家水族馆记录下了一条人工饲养蝠鲼的产子过程，这在全球范围内是第一次，也为人们研究它的生长过程和习性提供了宝贵的资料。

据说，蝠鲼飞起来有2米高，堪称海洋动物里的飞行家。而当地的渔民却习惯地叫它“水下魔鬼”，这是怎么回事呢？

见过蝠鲼的人，都会觉得这家伙太丑了。没错，它的长相的确丑陋，身体扁平，头又宽又大，两侧长着一对叫头鳍的肉足，头鳍翻着向前突出，可以自由转动。蝠鲼就是用这一对头鳍驱赶猎物，并把食物拨入口内吞食的。而它的嘴就长在两个肉足之间，而且嘴不是圆的，是方的。蝠鲼不仅丑陋，而且身形也很大，一般长达数米，体重达数千克，最大可达6米以上。

说来有趣，蝠鲼很喜欢搞些恶作剧。有时，它故意潜游到在海中航行的小船底部，用体翼敲打着船底，发出"呼呼，啪啪"的响声，使船上的人惊恐不安。有时，它又会跑到停泊在海中的小船旁，把肉角挂在小船的锚链上，把小铁锚拔起来，使人不知所措。过去渔民们不知道是蝠鲼在捣乱，还以为是魔鬼在作祟，所以就称蝠鲼为"水下魔鬼"！

蝠鲼这个名字虽不好听，并且还是鲨鱼的近亲，但它并不凶猛，性情很温和。它缓慢地扇着大鳍，在海中悠闲地游动，并用前鳍和肉角把浮游生物和其他微小的生物拨进自己宽大的嘴里。

据说，有一名水下摄影师在水下工作时，遇到一条体翼宽达2.3米的大蝠鲼。当摄影师跃到它的背上，它不但没有反抗，反而让摄影师骑在它的背上，作了一次长时间的遨游。不过，它的个头和力气常使潜水员害怕。因为它一旦发起怒来，只需用它那强有力的双鳍一拍，就会碰断人的骨头，置人于死地！所以，它又有"魔鬼鱼"的外号。

对于蝠鲼们精彩绝伦的飞行表演，有的科学家却不以为然。他们认为，这些家伙飞起来虽像一架两栖飞机，可它们平常并不愿意在空中滑翔。因为，在空中飞翔时，空气的阻力要比水的阻力小得多，如果鳍稍一弯曲就会让它们翻跟头。让人拍案叫绝的是，蝠鲼还会大搞"圈地运动"。这可不是在抢地盘，而是为了填饱肚子。在水下，它们在一个地方围成一个个圈圈，将小鱼或者小型浮游生物等猎物赶到一块儿，然后再慢慢地享受美味。

其实，蝠鲼是原始鱼类的代表，在海洋中已经生活了1亿多年。它们身上蕴含了很多谜团，这些丑陋的家伙为什么会一大群聚在一个地方，一待就是几天？它们飞出水面仅仅是为了好玩吗？它们是在驱赶身上的寄生虫，还是在练习捕食？或许只是嬉戏而已。时至今日，人们仍无法搞懂它们。

第五章
从海洋流淌出的文明

海上仙山的美丽传说，神秘莫测；诗词歌赋的沧浪之音，慷慨激昂；追风逐浪的历险小说，扣人心弦。这些因大海而生的文字和歌谣，诉说着海洋文明、见证着海洋变迁……

无论是中国还是西方国家，海洋世界的探索与心灵世界的探索是同步的，人类对海洋从恐惧到征服再到和谐相处的态度转变的过程，也是人类不断拓宽自己灵魂深度的过程。海洋文明所做的，就是以它富有激情和力量的彩笔，为我们勾画出了这一过程中人类幽深而丰富的灵魂世界，让我们看清自己的面庞，倾听内心最真实的声音，去寻找通向自由的道路。

第一节　扣人心弦的海洋神话传说

海洋诞生的传说

很久很久以前，没有天，也没有地，只有混混沌沌的一团气。

这团气的正中央裹着一个核，像是个大鸡蛋。在“鸡蛋”的“蛋黄”里，孵育着一个小生命，他的名字叫盘古。

盘古长得可真慢，他一动不动地睡了一万八千年，终于醒来了。

他一睁眼睛，漆黑一片，什么也看不见；动动身子，紧巴巴的，裹得难受；吸了口气，憋闷闷的，胸口也不舒服——原来周围是一团死气。

盘古可不愿意再睡了，他一展腰，一伸胳膊，一踹腿，想要活动活动。

这么一搅和不要紧，却把那团死气搅开了。只听得“轰隆隆”一阵巨响，缕缕清气袅袅上升，团团浊气徐徐下降。清气越升越高，化作了天；浊气越积越厚，变成了地。盘古头顶青天，脚踏实地，站起来了。

盘古塑像

五岳之首——泰山

盘古立地顶天，一顶顶了一万八千年。他实在太辛苦了，终于因过度劳累而死。

可是，盘古身体里有一股活力。他虽然死了，生命力却没有消失；他吐出来的气变成了风和云；他发出的声音变成了雷霆；他的左眼变成了太阳，右眼变成了月亮；他的头发和胡子变成了星星。盘古的身体倒下了，可是他的四肢却变成了东、南、西、北四根天柱，仍然擎着天。他的躯干变成了五岳，他的血液变成了流动不息的江河，他的肌肉变成了沃土，汗毛变成了草木，筋脉变成了道路，牙齿和骨骼变成了金属、玉石，骨髓变成了珍珠矿藏，甚至连点点滴滴的汗水也都变成了滋润万物的雨露。

你知道吗

谁是北美神话中
拯救人类和动物的人

在北美神话中，博塞安加是最聪明的人。当时，造物主把自己的肉放在海里作种子，用自己的体温来孵化它。于是，海里生出绿色的泡沫，这些泡沫后来变成了大地和天空。在大地最深的岩洞里，有了人类和各种动物的种子。它们像蛋一样，当里面的生命长大成型后就破壳出世。这样，人类以及各种各样的动物纷纷繁殖起来，在黑暗的岩洞里拥挤着、争执着。这时，最聪明的人博塞安加从海洋的最深处，来到人类和动物之间。他穿来穿去，终于找到了通往地面的路。他找到了万物之父太阳，请求太阳把人类和动物从地底下拯救出来。太阳答应了他的要求。这里的问题是，你知道博塞安加是怎样找到从海里通往地面之路的吗？如果你能找得到的话，你也就变成一个最聪明的人了。

女娲娘娘塑像

从此以后，世界出现了。

有一天，大地突然震荡起来，地皮裂开，大火燃烧，江河泛滥，洪水横流。一切全都失去了秩序，恶禽猛兽到处乱跑，趁机吃人。

正在这时，有一个神出现了，她的名字叫女娲。

女娲是个善良的女神，她尤其喜欢人，因为人是她造出来的。当初盘古开天辟地以后，她捏了一些泥娃娃，让它们变成了人。她想在大地的各处都放上人,可是地太大，她捏不过来,后来,干脆找了根绳子，蘸着泥汤到处甩。泥点落到地上，也都成了人。

以后，女娲又把人分成男人和女人，教会他们生儿育女，让他们安居乐业,她对自己的成绩很满意。现在看到人们遭殃，哪能不着急呢？于是，她拣了很多五颜六色的石头子儿，架起火来烧炼。经过不停燃烧的石头子儿被烧化了，变成了五色糊糊，女娲就用这些五色糊糊来补天。她忙了不知有多少日子，终于把坍开的天窟窿补上了。

大地经过这么一折腾，其他三根天柱也已经毁坏。女娲唯恐天还会塌下来，就抓了一只很大很大的龟,砍下它的四条腿,放在四个角上，把天空重新架稳了。

还有那些到处吃人的毒蛇猛兽怎么办呢？它们的数目实在太多，抓是抓不过来的。女娲逮住为首造孽的一条黑龙，把它当众宰了，使那些小喽啰不敢再放肆。然后，她又用炼石剩下的炉灰堵住决口，让洪水不再泛滥。忙了一段日子，总算把世界重新收拾一新。

可是，补过的东西怎么也不如原来的完整，它总会留下一些痕迹：西北边的天空往下塌过，所以太阳、月亮、星星就从那里落下去；又因为是用五色糊糊补的，所以那里的天空常常出现五彩缤纷的云霞。

还有，东南角的地皮不是往下陷过吗？大地从此可没有原先那么平了：西北角高起来，东南角低下去，江河里的水日夜不停地往东南流。陷得最厉害的地方有个大深坑，叫“归墟”。水往归墟流啊，流啊，在它的周围，形成了一片汪洋，这就是大海的由来。

海洋的浩瀚使人类感到自身的渺小，海洋的丰饶为人类提供了取之不竭的宝藏，而海洋的神秘则让人类既恐惧又忍不住想要接近它，从而探寻那些隐藏在海洋深处的秘密。

对人类来说，海洋是强大的、神秘的、难以征服的，在性能优异的海船出现之前，情况更是如此。

无数航海先驱被大海肆虐的风暴、隐藏的暗礁、浮动的冰山吞没而葬身海底。1973 年，在一次寻找石油的钻探中，偶然在中国浙江余姚发现了河姆渡古人类遗址，从厚达 2 米的海生贝壳层中，发现了一把小型木桨，证实了船的历史至少有 7000 年之久。

在中国的夏代出现过“东狩于海，获大鱼”的文字记载，说明我们的祖先早已开始向大海寻求食物。

人类对海洋的梦幻与追求一脉相承，航海的人们穿越海洋，发现了新的大陆、新的人群，航海者们用他们的勇敢和牺牲，逐渐揭开海洋神秘的面纱。

然而与几乎没有尽头的海洋比起来，人类和他们创造的船只实在是太渺小了。在海洋无尽的力量面前，人类在大多数时候只能感觉到自己的渺小，即使是最勇敢的航海者也不得不低下高傲的头颅，在狂暴的风浪中祈求大海的宽恕和恩赐。

出于对海洋的敬畏，人类“创造”出了许多代表海洋威力的神灵，这些代表着海洋富饶、深邃、神秘、

浩瀚的海洋

神秘的海洋

慈爱、狂暴、冷酷等各种特征的众神，隐藏在波涛中掌控着神秘水域中的一切。而人类只能通过复杂而虔诚的祭祀仪式，求海神保佑他们出海一帆风顺，平安归来。

海神是大海的化身，更是人类精神的寄托。龙王、妈祖、波塞冬……这些或威严，或慈祥，或残暴的海神，都是人类对大海某个属性的抽象概括。

随着人类对海洋的探索，人类与海洋的关系也在逐渐改变，除了对海洋力量的敬畏之外，更多人性化的生活气息被加诸在海洋的精神属性上，友情、爱情、勇气、奉献、牺牲……这些人类最美好的情感通过那些跌宕起伏的神话传说而鲜活起来，在人类的文明中代代流传。

可以说，海洋神话是人类认识海洋、探索海洋、征服海洋的记录，是先驱者们留给我们的宝贵文化遗产。

海外仙山

渤海东面不知几亿几万里的“归墟”上，飘着五座仙山，它们的名字是：岱舆、员峤、方壶、瀛洲、蓬莱。

这五座山，每一座都有三万里高，方圆也有三万里，山顶上有九千里开阔的一块平地。五座仙山并排而立，每座山之间的距离是七万里。

仙山上的景色异常优美：那里长满了茂密的仙树，树上结满了形形色色的仙果，都是珍珠美玉。人们吃了这些仙果可以长生不老。那里的鸟、兽全是纯白色的。仙山上还有一栋栋黄金、白玉打造的宫殿。

你知道吗

谁是中国的波涛之神

在中国的神话传说中，掌管风的叫风神，掌管雨的叫雨神，掌管山峦的叫山神。你知道掌管江河湖海的神是哪一位吗？他就是中国神话中的波涛之神，名叫阳侯。阳侯原本是伏羲手下的臣子，因为犯了罪过，便投江自杀而死。伏羲考虑到他生前的功绩和辛劳，就把他化为江河湖海中的波涛，阳侯从此成了波涛之神。有时江河湖海的表面，风平浪静，那是波涛之神阳侯在水底还没有睡醒或者正是他高兴的时候，而一旦见到江河湖海上掀起了狂涛，那一定是阳侯生气发怒的时候，人们这时乘船航行，可要千万小心，因为波涛之神阳侯发怒时，偶尔也会掀翻船只甚至吃人。

仙山上没有凡人，只有仙、圣的后代。仙圣的后代当然也是仙圣，他们跟凡人可不一样。

海外仙山——海市蜃楼

有什么不一样呢？首先是吃的东西不一样：他们不吃五谷杂粮，只靠餐风饮露活着。其次是长得不一样：他们不会老，不会死，脸儿白白的，皮肤嫩嫩的，像姑娘一样。而且，他们的背上还有一对翅膀，能在空中飞来飞去。这些小仙圣一天到晚无忧无虑，既不特别喜欢什么，也不会为什么事发火；既不攒什么东西，也不给别人什么东西。

那么他们每天都有什么事要干呢？什么事也没有。他们只是飞来飞去地串门儿。那对小翅膀可管用啦，仙山跟仙山之间相隔七万里，他们一天能飞好几个来回。

小仙圣永远对什么事都无动于衷吗？不见得。比如有一回，他们也发起愁来啦：原来五座仙山都是没有根的。潮汐一起，仙山就随着海浪漂来漂去。假如漂到北极那个地方，仙山可就要沉没了，仙圣们就没有地方住了。

这可让仙圣们着急，他们飞到天上，叽叽喳喳地向天帝诉苦。

天帝没什么好主意，他把北极之神禺强叫来，让他想办法。

禺强是北极之神，也是北海的海神。这家伙长了一副怪模样：人的头、鸟的身子，耳朵上挂着两条青蛇。只要他一扇翅膀，海上就要刮大风，所以，他也是海上的风神。

禺强有好多海龟做他的仆人。天帝把仙山的事跟他一说，他想了想，派出15只最大的海龟，让它们去驮住仙山。

这些海龟非常大，一只就能驮起一座仙山。按说，五座仙山有5只海龟就够了，为什么要派15只呢？原来，海龟不是死东西，它们要吃、要喝，也要休息。有了15只海龟，可以分成5组，每组3只，问题就解决了。禺强让3只龟管一座山，1只驮山，1只找食，1只休息，6万年轮换一次。这样，仙山就不会乱漂啦。

过了不知多少年，又出了乱子。这事是龙伯国的巨人惹出来的。

龙伯国在昆仑山北边九万里的地方，那里的国民都是身高体壮的巨人。有一天，一个龙伯国的巨人心血来潮，忽然想到海里去钓鱼。他没走几步就到了归墟——就是五座仙山待着的那个地方。

巍巍昆仑山

海龟

海龟们好久没吃什么东西了，特别容易上钩。龙伯的巨人一下钓饵，很快就钓上来6只海龟。他把海龟用绳子串起来，往背上一背，高高兴兴地回去了。

海龟有什么用呢？有用。这个巨人把它们的壳剥下来，扎几个眼，用火烤。龟壳让火一烤，顺着小孔炸成很多裂纹。龙伯国的巨人就数着龟壳上的裂纹来算卦。

被钓走的6只海龟，正好是负责驮岱舆和员峤的两组。海龟被钓走以后，岱舆和员峤就没了根了。它们漂啊，漂啊，漂到北极，沉了底了。

两座仙山上的小仙圣有好几个亿。仙山往北极漂，小仙圣们一大群一大群地往外飞。这些流亡的仙圣失去了自己的安乐窝，只好到其他三座仙山上去挤一挤啦。

仙圣们乱糟糟地一闹，吵得天帝怪心烦的，他一问情由，知道是龙伯国的巨人惹的祸。天帝担心起来："龙伯国的巨人太大啦，说不定将来还会惹出更大的麻烦。这样下去可不行，必须管住他们，让他们遵守秩序。"于是，他施展神通，让龙伯国的巨人缩小。

龙伯国是巨人的种族，尽管天帝让他们缩小了，却还是比一般人大得多。过了不知多少年，到上古时代，仍然有人见过龙伯族的族民——他们有四十丈高，能活一万八千岁！

聚宝竹与客星犯牛郎

1. 聚宝竹

在中国众多的传说故事中，有许多是关于聚宝竹的。据说南宋时，温州有个叫张愿的富商，经常出海进行贸易。有一回，张愿在航海途中遭遇风暴，结果迷失了方向。他乘船随风在海上漂流了五六天以后，来到一个不知名的小岛。这个小岛上长的全是竹子，非常茂盛。张愿上岸后随手砍了十根竹子，就在他准备再多砍几根竹子的时候，忽然来了一个白衣仙翁，催促他赶快离开这里。张愿向白衣仙翁询问归途的方向，仙翁用手指了指东南方向，一言不发地走掉了。张愿听了白衣仙翁的话以后，果然一帆风顺地回到了温州。他把砍来的毛竹有的做桅，有的做篙，用掉了九根，剩下的那一根不知做什么用，就扔到了一边。有一天，一个外国商人登上他的船想要买货，结果外国商人一见桅杆和竹篙，就连声大叫可惜可惜。后来这个外国人看到船上还剩下一根，就打算买走。张愿见有利可图，张口就要价 5000 元。这位外国人立刻答应下来，当场给了现金，并和张愿立下契约，永不反悔。张愿痛快地答应了。办完手续后，张

毛竹

愿高兴之余不禁有些纳闷，怎么一根竹子竟能卖到这么高的价钱呢？外国商人告诉张愿说，这不是普通的竹子，而是一根世上罕见的聚宝竹，只要把他立在大水塘中，水泽中的宝贝都会围聚在宝竹的旁边，到时你只要下去采集就是了。张愿听了后悔不迭，但因立了契约，只能眼睁睁看着别人拿走了聚宝竹。

你知道吗

海神求宝是怎么一回事

宋代作家李昉（925—996）在他的笔记小说集《太平广记》中记载了一个海神求宝的传说故事。一个波斯商人来中国经商，途中到一家客店过夜。这个波斯商人见店主门前有块方石，就用2000元钱买了下来。他当众剖开石头，得到一枚大明珠。为了藏好这颗大明珠，他用刀划开自己的腋下，把明珠藏进肉里，然后就乘船回国去了。在海上航行了十多天之后，忽然海上风浪大作，船眼看就要沉下去了。驾船的船夫知道这是海神在向他们寻求宝物，但是搜遍船上，也没有找到一件宝物可以献给海神。船眼看就要沉到海底了，这个波斯商人非常害怕，就从腋下取出明珠交给船夫。船夫用手高举明珠，大声对海神说："如果有神灵要这颗明珠，就请来取吧！"话音刚落，大海中果然伸出一只长满长毛的大手，托着明珠消失在海里。海面立刻就变得风平浪静了，波斯商人也一路平安无事地回到了家。

2. 客星犯牛郎

中国古代典籍《博物志》中的《杂说》里，记载了一则传说故事。

相传在远古时代，天河与大海是相通的。在一座不知名的海岛上，有一个渔夫在木筏上建造了一间能遮风避雨的板棚，然后带上充足的粮食和淡水，趁着八月大海潮，坐上木筏，随着大海的波涛漂去。最初的几天，一切都很正常，海面风平浪静。可过了不久，一切都变得模糊不清。又不知过了多久，渔夫忽然看见一个村子，一个妇女正在家门前悠闲地织着布，一名男子牵着一头大黄牛去河边饮水。牵牛人看到渔夫很吃惊。渔夫问牵牛人这里是什么地方，牵牛人却要他回四川问天文星相专家严君平。说完，渔夫乘坐的木筏又开始往回漂。靠岸以后，渔夫来到四川，找到了严君平。严君平翻开记录一看，只见某年某月某日的日记上，记载着客

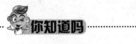

美丽的银河

星犯牛郎的事。严君平一推算，这一天正好是渔夫和牛郎相遇的日子。这时，渔夫才恍然大悟，原来他乘木筏从海上到了天河，而且还遇到了牛郎和织女这对勤劳、善良的夫妻。

沙门岛张生煮海

话说很早以前，广东潮州有一书生，名张生，字伯腾，系官宦子弟。他相貌英武潇洒，天资聪颖，擅长诗文书琴，但屡屡应试落榜。于是，他离经叛道，周游名山大川。一日，慕名来到三神山，领略海市蜃景，寻觅八仙故乡，落脚在沙门岛的石佛寺中，投靠法云长老。张生常与长老说经论道，深得长老喜爱。

再说东海龙王，他的三公主琼莲，芳龄十八，春心萌动，不思寝食，时常私出龙宫，到沙门岛一带游闲览胜。一天晚上，岛上寺庙琴声悠扬，拨人心弦，待她来到窗前窃听，见一少年英男，专心抚琴，琴声中吐露着悲壮，又透出忧伤。正当“求凤曲”弹拨得动人的时候，琴弦突然断了一根。张生惊问：“谁在偷听？”只见一位仙女推门而入，落落大方地拜见了张生，且作自谴，说惊扰了兄长的雅兴。

琴声为媒，使俩人一见钟情。他们相视许久，深情脉脉地说长道短。从家世出身，到志趣爱好，彼此言语投机，吐心掏肺。爱恋之情油然而生，都愿忠贞不渝，相濡以沫，白头到老。可公主心有余悸，怕龙王老爸不允，触犯宫条，便心生一计说："等到八月十五日，月出东山之时，我定派人领你进宫求婚。父王待我似掌上明珠，只要小女恳求，咱们定会有缘。"为了言而有信，琼莲把一只冰蚕丝织的鲛蛸手帕送给张生，张生将一木鱼石宝物赠给琼莲，两人山盟海誓，只等良辰吉日。

却说三公主琼莲月晌星高回到龙宫，丢魂落魄似的等到天明。起初，龙王百般不允，说下嫁凡人，既失龙王脸面，又丢爱女身份。公主哪里能听命于父，声言宁死不嫁他人。龙王见琼莲痴心不转，下令把这不孝之女锁入深宫闺房，派来虾兵蟹将日夜看守，并责令封岛禁海，寸步不得行。

回头再说这张生，苦等了两个圆月轮回，不见龙宫派人来领，茶饭不香，坐卧不安，方丈、香童劝说不听。这正是：沙门岛上梦魂颠倒念琼莲，海底龙宫朝思暮想望张君。

龙王有9个儿子，虽说龙生九子不是龙，可他们各有一技专长。特别是大儿囚牛，性情内向，酷爱音乐。他通过琴艺，自然结识了知音人张生。囚牛对于父王的专横早有成见，对妹妹的痴情深感同情。于是，暗引张生来到龙宫，挥舞蛟蛸帕，启开龙门。龙王见囚牛来帮倒忙，更是火上加油，气急败坏地把张生推出宫外，顺即怒喷一口，激起滔天巨浪，把张生摔倒在沙门岛礓头的沙尖子上。因为大儿囚牛惹是生非，忤逆不尊，被贬到人间，铸在胡琴上，永世不得回宫。

张生被驱回沙门岛，怒火攻心，奄奄一息。此事，被在天上执勤的千里眼发现，向天庭玉帝做了汇报。一日晌午，张生只觉有只温暖的手在抚摸他的胸口，又感到有人在给自己输气。张生渐渐神志清醒，见一仙女立在眼前，误认是琼莲来到身边。仙女自我介绍说："我本是秦皇宫中一侍女，因派来仙山没有采集到长生不老药，被秦皇罚守在

龙王塑像

这里，说采不到药，别想离开沙门岛。这才一气之下，埋名隐姓，不食人间烟火，修成大道，化成一座仙女礁。今奉东华上仙的法旨，前来救助。”

星斗移转，岁月轮回。为了降服专横跋扈的老龙王，逼他招婿认亲，仙女送给张生银锅一口，金币一枚，铁勺一把，叫他把大海煮沸。张生接过宝物，按仙女的指教，在沙门岛的月亮湾畔，砌起九尺高的锅灶，点柴生火。万没想到，此举惊动了天地，一连三天三夜，东风劲吹，火势凶猛，锅里的水每煮一分，大海落下十丈，眼看四处蒸汽升腾，大海“瘦”了许多。此刻，龙王顿觉身上发烧，海水发烫，似有大灾临头，急派飞鱼出宫打探。不到半个时辰得报，说沙门岛上有人煮海。龙王又派虾将蟹兵前去灭火，不料，兵将刚一出宫，个个被烫得打道回府。

话说石佛寺的长老，见水火不容，海战祸起，他既怕引火烧身，又怕龙王怪罪，便拄杖气喘吁吁地出寺调解。他一边劝说张生手下留情，熄火停煮，一边劝说龙王应允这桩婚事，愿作红媒，圆了这门亲。张生心中明白，再若煮下去，只怕龙王受得了，琼莲经不起。再说，恩人长老的面子，水族生灵的性命总得顾全。于是，釜底抽薪，停止煮海。一向狂妄的老龙王倒还没糊涂，虽说龙宫不怕火烧，可是生猪还怕开水烫，只好顺水推舟，借梯下台，终于答应长老的规劝，并立即布置洞房，备妆设宴，迎接张姑爷进宫拜堂。

这年，端午节，春汛正旺，海市大兴，百鱼欢腾。四海龙王和黄、渤两海的水族头领都收到请帖，准备厚礼前来贺喜。石佛寺的长老被特邀为主婚人。沙门岛一带的各种鱼、各类虾、各岛螺、各湾贝，都倾巢而出地前来看热闹。

五月十六这天，龙宫上下张灯结彩，水府内外贴喜挂红。周围鱼儿撒欢，虾儿蹦跳，海菊绽开，海藻摇曳，就是一向懒得出洞的海参、鲍鱼，也爬上宫壁、龙坎，前来观光助兴。

良辰吉时已到，长老施令放鞭炮。只见张生身着红袍，胸戴彩球，骑着一头宝驹，神采奕奕地在水族

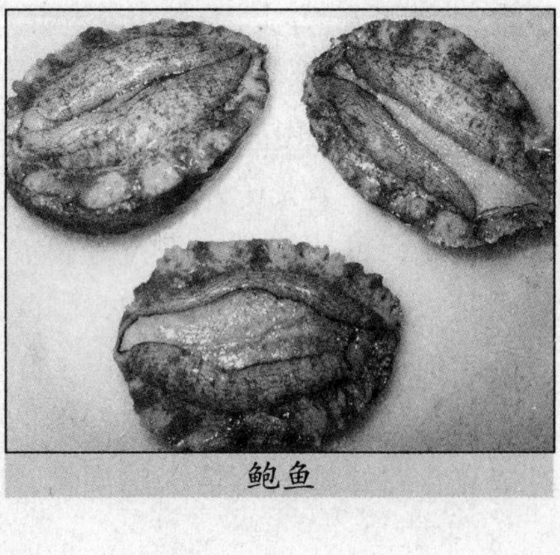

鲍鱼

送亲大队的簇拥下来到龙宫。多日愁眉不展的三公主，今日一脸灿烂的笑容。只见她衣着锦绣，婚纱玲珑，浑身珍珠宝贝夺目，踏着奇藻仙草铺成的地毯，与张生拜堂成亲。酒席间，张生与琼莲，频频向来宾敬酒。席间，大家都为水族免遭煮海大难和水晶宫龙女招婿的美事而开怀畅饮，一醉方休。

你知道吗

“渔雁”是什么意思

远古人类的祖先在大自然的恩赐、制约下过着生吃螃蟹活吃虾的欢乐而又艰辛的渔猎生活。随着大自然的变化，他们像候鸟一样，追逐着洄游的鱼虾，生存着、繁衍着，不停地沿着海岸南来北往地迁徙着。每到江河入海口就留下一些人，其余大部分继续奔向更远的江河入海口。因为每处江河入海口，都是鱼虾洄游和繁衍的地方，这里是海水、淡水两合水，滩涂平缓，鱼虾蛤蜊丰厚。后人将古代有规律的春来秋往的打鱼人称“渔雁”，意思是打鱼的人像候鸟一样，春来秋往，就如大雁一样。

新郎、新娘，念念不忘东华上仙、采药仙女、法云长老和囚牛大哥的大恩美德，不知如何酬谢。此刻，一位鹤发银须童颜的老者进殿，龙王、长老一同迎上前去。片刻，他们转到龙爪山大顶洞的议事厅，不知东华上仙有什么旨意。临行前，见龙王老爸连连打躬作揖，只听见说：“上仙放心，小神一定照办！一定照办！”从此，沙门岛张生煮海，水晶宫龙女招婿的美谈，被四海传为佳话，各种地方戏曲传唱了数百年。

唐太宗与玉石街

据《蓬莱地理志》载：“南北长山岛相隔五里，中通一路，广二十余丈，皆珠矶石，名‘玉石街’。”其实，这些大自然赐给的“玉石”，当地叫光矶蛋，既不充饥，又不饱腹。在旧社会，穷苦的海岛人没沾“宝”的光，倒是这无数的宝石堆成一道贯通南北的沙石路。然而，路被潮汐所管，退潮是路，涨潮是海，风浪是灾。南北两岛还是藕断丝连，无船不能通，有风不可往。

据传，早在大唐贞观年间，唐太宗李世民为统一华夏，安邦拓边，东征高丽，长岛一带已成为海上要道。至今尚有唐王山、唐王井、唐王墩、唐王城的传说。其中，“一宿街”便是流传已久的一段佳话。

唐太宗

那时，唐太宗和大将尉迟敬德由莱州起渡率领大军东渡路过这里。唐太宗驻兵南长山岛（今南城），尉迟敬德屯兵北长山岛（今北城）。一天，唐太宗接到禀报，说尉迟敬德身染重病，卧床不起。这位大将战功显赫，骁勇善战，深受太宗的信赖和宠爱。眼下病重，令人心急，随即登船前去探望。

那天，海上波涛汹涌，水急浪高，船在水中上下颠簸。一会儿，唐太宗就头晕恶心，哇哇吐起来。等船靠上北长山岛时，太宗已晕得两眼发黑，手足无力了。见到尉迟敬德，太宗道："这趟船晕得孤家好苦，要是这两岛之间有条路就好了，孤家定将天天前来探望爱卿。"

人说皇帝的话是金口玉言，这话恰好被在天上值日的顺风耳听到了，马上禀报玉皇大帝。玉皇大帝随即命东海龙王敖广为太宗拦海造路。

当天夜里，压石街海面风声大作，巨浪滔天，鱼鳖虾蟹扯风裹浪，海底翻砂卷石，天摇地动。只见一条玉龙腾出水面，长啸一声，变成一条玉白色的长街横在两岛之间。太宗惊喜交加，大清早顾不得整衣纳冠，匆匆赶至滩头，果然见一条宽阔的大道，横跨碧波之上，把南、北长山岛连接起来。太宗欣喜若狂，脱口曰："壮哉、美哉，真乃一条'一宿街'也。"从此，"一宿街"便由此得名。

一宿只是个梦想，一个希冀。当年李世民的夙愿却在长岛军民手中实现。

1960 年 10 月，一条横跨南、北长山岛间的玉石街海堤公路通车了。军民携手奋战半年，搬土石 15 万立方米，投工 30 余万个，一道天堑变成海上通途。海堤公路全长 1050 米，基宽 45 米。顶宽 10 米，高出水面3米，排放两吨重破浪的混凝土四角锥4153个。1964年，于东侧建1.75米的挡浪墙。

拦海大坝，巍然矗立于碧波之上，它像一堵海上长城，镇住东来的肆虐狂涛，捍卫着西侧庙岛塘里的太平。长虹般的大坝，方便了生活，繁荣了经济，开拓了旅游事业，记载了军民共建同守的业绩。

漫步大坝极目远眺，东边，烟波浩渺，水天一色，可尽情观赏碧波千顷之壮景，聆听震耳若雷的长浪嘶鸣，评说望夫礁“御道眺夫”的苦情；坝西侧，又是一番天地，如镜的海面，荡着涟漪，千亩扇贝牧场，浮漂纵横，霞霓闪射，水下海珍珠宝生金长银。若是大风日，岛外骇浪惊涛，塘内千船林立，避风锚泊，补充给养。人力营造的“玉石街”比天工营造的玉石街和唐太宗梦想的“一宿街”更富于神奇色彩和迷人魅力。

而今，玉石街，果真玉石满“街”了。

海上照妖镜

在南隍城岛南端的陀佛山下，崖洞边有块光滑平亮的壁石，岛上人叫其镜石。据老人传，旧社会岛上常有胡子来抢钱财。这些胡子，多从北地下来，每当胡子上岛，闹得村里不得安宁。虽说南隍城穷得叮当响，没有钱财可抢，可是十分吓人，大闺女小媳妇都不敢出门，几乎家家都闭门锁户。

胡子在岛上，见鸡抓鸡，见狗打狗，扰得四邻不安。有一年，一个下大头的在镜石洞附近拣海参，中午歇晌进洞，竟从镜石上发现了倒影的贼船，听老人说，“船倒影，不太平”。于是，他急忙回村报告。顿时，山上狼烟四起，庙上钟声急，村里的青壮年人，拿着鱼叉、棍棒守候在海沿。不到一个时辰，贼船果然闯进口里，船上的胡子见岸上的人多势众，持叉抵挡，未敢轻举妄动，急忙调头而窜。从此，人们常去镜石洞查看敌情，看看海上有没有倒影的船，以卜福祸。

这年秋天，岛上人在镜石上又看到了贼船的倒影，没料到这是一只南方的胡子船。老人们都知道，南方人的眼特别“毒”。果然不出所料，贼船刚过小钦岛，见岛上人点燃了狼烟，知道岛民有防，于是直接在陀佛礁西岸登陆，当他们发现镜石的秘密后，气急败坏地用海藻菜烧，把个镜石烧烤得面目全非，黯淡无光，而后，又抹上牛粪。胡子心想，这下可把南隍城的天机破了。从此，他们上岛抢掠，毫无顾忌。

谁知，镜石是海神娘娘的海上梳妆镜，哪里容得海贼的玷污。当夜，一场大南风，海浪把镜石又冲刷得明晶瓦亮。南隍城人视镜石为宝，多次向娘娘进贡许愿。不知怎么那么灵，镜石竟能别真伪，会辨人妖。凡是渔船、商船在镜面上都呈正影，偏偏劫财抢物的胡子船，在镜面上是倒影，人们会意，这是海神娘娘赐给的海上照妖镜。

新中国成立后，由于国防施工需要，镜石处成为坑道的出进口，海上红胡子从此也无影无踪了。红胡子，系指抢夺打劫的武装贼人。为什么称其红胡子，曾有三说，其中流传较广的一说是：他们拿的都是土枪，枪身很长，平时，枪口上总有一个带穗头的枪堵。抢劫时，贼人把带穗头的枪堵取下，衔在嘴里，由于枪堵的缨穗呈红色，远远看去，就像长着红胡子的人，所以称其红胡子。

八仙故乡——沙门岛

蓬莱阁上游人如潮。“八仙过海”、“海市蜃楼”、“海上仙山”……以其特有的魅力，吸引中外游客纷至沓来，流连忘返。

庙岛，古称沙门岛，是朝廷囚禁犯人的地方。《登州府志》载：“宋太宗本纪建隆三年，索内外军不律者，配沙门岛。”在这里，流传着一个悲壮而真实的“八犯过海”成仙的故事。说是从宋朝建隆三年开始，驻守在内地和边关的军人犯了法，都发配到沙门岛。岛上的犯人越来越多，而朝廷一年只拨给300人的口粮。于是，沙门岛看守头目李庆便想了个狠毒的办法，当犯人超过300人时，便把老弱病残者捆住手脚，扔进大海，使岛上犯人始终保持300人以内。如此被杀的，两年内竟达700余人。为了活命，经常有犯人渡海逃生，但均不得逞。有天晚上，月黑星高，十几个早已串联好的犯人，避开看守，各自抱着葫芦、木板、竹竿、驴皮、木盆之类跳入大海，往蓬莱丹崖山游去。

从沙门岛到蓬莱有三十里之遥，水道中间，浪大流急，途中半数人体力不济，被急流冲走。最后只剩8名健壮善游者抵达丹崖山下，在狮子洞里躲了起来。第二天早晨，有位渔民去跑海，发现了这8位过海的能人，听说他们是从沙门岛逃离而来，消息传开，人们无不惊奇万分。后来人们竟把这种反抗强暴、追求自由的美谈，同道教中的八位

传说中的八仙

仙人附会起来，演变成“八仙过海”的故事。沙门岛也就历史地成为八仙的故乡。

人们为纪念八位“犯人”抗暴渡海成功，弘扬各显其能的精神，20世纪80年代，在庙岛显应宫西侧的廊房里，塑起八位仙人携持宝物，踏涛踩浪的形象，再现了他们当年过海的雄姿。这组彩塑，融合传说与艺术的手段，阐述了航海起源的契机，反映了人类早期的航海活动。

昔日囚犯之地，今日仙人之乡。人们总是用美好的愿望，编织故事，充实生活。庙岛流传着这样一个神话故事，给后人去解说。

西方海妖

1. 吞吃水手的女海妖斯库拉

斯库拉是希腊神话中吞吃水手的女海妖，她有6个头12只手，腰间缠绕着一条由许多恶狗围成的腰环，并且有猫的尾巴。

根据传说，斯库拉曾经是一位美丽的水仙女，是海神福耳库斯的众多子女之一。一位英俊的渔夫格劳科看到了在水边漫步的斯库拉，疯狂地爱上了她，然而斯库拉并不喜欢他，并且躲避着他的追求。格劳科为爱情所苦，向女巫师喀耳刻陈述了自己对斯库拉的爱慕并请求帮助，谁知喀耳刻却因为这些爱情故事爱上了这位渔夫，但格劳科没有接受她的爱。因爱成恨的喀耳刻把怨恨都归结到斯库拉身上，偷偷在斯库拉洗澡的水中投下魔药和毒蛇，使得她变成恐怖的6头12足妖兽的模样。

斯库拉守护在墨西拿海峡的一侧，这个海峡的另一侧有名为卡律布狄斯的漩涡。船只经过该海峡时只能选择经过卡律布狄斯漩涡或者是斯库拉的领地。它们每天在意大利和西西里岛之间的海峡中兴风作浪。

航海者在妖怪和漩涡之间通过是异常危险的，它们时刻在等待着穿过西西里海峡的船舶。当船只经过时，斯库拉便要吃掉船上的6名船员。在《奥德赛》故事中，奥德修斯的船接近卡律布狄斯大漩涡时，它像火炉上的一锅沸水，波浪滔天，激起漫天雪白的水花。当潮退时，海水浑浊，涛声如雷，惊天动地。正当舵手小心地驾船从左绕过漩涡时，海怪斯库拉突然出现在他们面前，它一口叼住了6个船员。奥德修斯亲眼看见自己的同伴在妖怪的牙齿中间扭动着双手和双脚，挣扎了一会儿，他们便被嚼碎，成了血肉模糊的一团。其余的人侥幸通过了卡律布狄斯大漩涡和海怪斯库拉之间危险的隘口。

现实中的斯库拉是位于墨西哥海峡一侧的一块危险的巨岩，它的对面是著名的卡律布狄斯大漩涡，在英语的习惯用语中有“Between Scvlla and Charybdis”的说法——前有斯库拉巨岩，后有卡律布狄斯漩涡，翻译过来就是“进退两难”的意思。

2. 大海上的妖异歌声海妖塞壬

塞壬是希腊神话中人首鸟身的怪物，经常飞降在海中礁石或船舶之上，又被称为海妖。塞壬拥有美丽的体态和姣好的面容，以及令人痴迷至疯狂的歌喉，它们常常在礁石上放声歌唱，用自己的歌喉吸引过往的水手，让他们在这美丽的声音中失去理性，从而将船驶向礁石因触礁而沉没。

海洋神话

传说塞壬是河神埃克罗厄斯的女儿，是从他的血液中诞生的美丽妖精。因为对自己的歌声过于自负，在与艺术之神缪斯比赛歌唱，结果落败，被缪斯拔去双翅，使之无法飞翔。失去翅膀后的塞壬只好在海岸线附近游弋，用自己的歌喉吸引过往的水手使他们遭遇灭顶之灾。

传说中塞壬居住的小岛位于墨西拿海峡附近，在那里还同时居住着另外两位海妖斯基拉和卡吕布狄斯，因此这片海域的海水下堆满了受害者的白骨。

在希腊神话里，英雄奥德修斯率领船队经过墨西拿海峡的时候，女神喀耳斯向他发出了忠告。为了对付塞壬姐妹，奥德修斯采取了谨慎的防备措施。船只还没有驶到能听到歌声的地方，奥德修斯就令人把他捆在桅杆上，并吩咐手下用蜡把他们的耳朵塞住。他还告诫他们通过海峡时不要理会他的命令和手势。

不久，奥德修斯听到了迷人的歌声。歌声如此令人神往，他拼尽全力挣扎着要解除束缚，并向随从叫喊着要他们驶向正在繁花茂盛的草地上唱歌的海妖姐妹，但没有一人理他。海员们驾驶船只一直向前，直到最后再也听不到歌声。这时他们才给奥德修斯松绑，取出他们自己耳朵中的蜡。

另外，太阳神阿波罗之子，善弹竖琴的俄耳甫斯也曾顺利通过塞壬居住的地方，因为他用自己的琴声压倒了塞壬的歌声。

你知道吗

谁是古希腊罗马神话中的海神

读过古希腊罗马神话故事的人，可能都记得那些生活在奥林匹斯山上的诸神。他们过着神仙般的生活，不过他们和我们人类一样，都有自己的本职工作，像太阳神、月神、酒神、战神、火神、谷物女神、青春女神、智慧女神等等，都各自掌管着一方世界。你知道谁是掌管海洋的海神吗？海神是宙斯的兄弟，在希腊神话中叫波塞冬，在罗马神话中名叫尼普顿。海神住在大海深处一座镶满珊瑚、珍珠和彩贝的水晶宫里。他曾经和宙斯的儿子阿波罗联合起来反抗宙斯的专制统治，可是他们发动的洪水敌不过宙斯的雷电，最后惨遭失败。波塞冬手中的武器是三叉神戟，经常驾着金鬃马拉的车在大海上巡行。波塞冬本领高超，能兴风作浪，劈山驱石。他还非常浪漫，曾追求过农业女神得墨忒耳，女神为躲开波塞冬，变成一匹母马混在放牧的马群中，波塞冬立即变成一匹美丽的公马与她交欢，并生下一匹神马。他的子女也个个本领超常。

希腊众神

1. 希腊神话中航海者的保护神

在很久很久以前，当时的人们还没有掌握先进的航海技术时，在海上航行和捕鱼的人们，一遇到恶劣天气，常常因无法抵御狂风暴雨和巨浪的袭击而船沉人亡。因此，人们非常渴望有一位海神暗中庇护他们，使他们在航海途中一帆风顺，平平安安。于是，在希腊神话中就产生了一位航海者的保护神，她的名字叫布里托玛耳提斯。布里托玛耳提斯原本是一位女猎人，她本领高强，勇敢而又机智。为了躲避克里特王的无理追求，她纵身从悬崖峭壁上跳入海中，结果因被打鱼人的渔网捕获而得救。由于布里托玛耳提斯的贞洁，月神阿尔忒弥斯使她长生不老。每当有船只和人员在海上遇到危险的时候，她就赶到他们的身边，使他们化险为夷，转危为安。从此，布里托玛耳提斯就成了航海者的保护神。

希腊海神波塞冬

美丽的希腊海岸

你知道吗

海边“翠鸟双飞”的故事

在海滩上或海岸上，有时你会看到长着一身翠绿色羽毛的鸟儿，它们成双成对地在水中寻找小鱼和小虾吃。这种鸟儿的尾巴较短，嘴却又长又直，叫声婉转动人，非常惹人喜爱。更有趣的是，它们无论是觅食、飞翔，还是栖息、玩耍，总是一对一对的，形影不离，这就是所谓的“翠鸟双飞”。

2. 希腊神话中的海鹰

一望无际的大海上，有时你会看到一只海鹰张着巨大的翅膀，穿云破雾地翱翔在碧海蓝天之间；远处，一群海鸟见海鹰飞来，惊慌地四下散去，海鹰在后面紧追不舍。看到这样的画面，你知道其中的奥秘吗？说起来，海鹰和海鸟还与希腊神话有关呢！传说中，墨伽拉国王尼索斯是海神波塞冬的孙子。他长有一根波塞冬赠给他的金发，这根金发维系着尼索斯的全部生命。当克里特国王米诺斯围困尼索斯的城市时，尼索斯的女儿斯库拉却爱上了米诺斯，并接受了贿赂。她趁父亲尼索斯熟睡之机，按照行贿人的吩咐剪掉了他头上那根具有神奇法力的金发，出卖了她的父亲和国家。尼索斯死后变成一只海鹰，在海天之间飞翔。米诺斯攻下城池后，并没有接受斯库拉的爱情，而是抛

凶猛的海鹰

下她率船队离去。斯库拉为了能和米诺斯在一起，就跳进海里追赶船队，终因筋疲力尽而被海水淹死。斯库拉死后变成了一只海鸟，经常受到海鹰的追逐和捕杀，过着惶惶不可终日的日子。

3. 希腊神话中的“池塘双神”

在希腊神话里，天帝宙斯背着天后赫拉与自然女神塔利亚偷偷相爱，结果使塔利亚怀孕。由于害怕天后赫拉的迫害，塔利亚请求神让大地把她吞没，这样赫拉就无法找到她。塔利亚的产期快到时，结果竟从池塘里托出一对漂亮的小男孩帕利客兄弟，他们成了池塘双神。后来人们要申辩自己的无辜时，往往跳进这个池塘恳求双神进行判决。如果投身池塘的人说谎，他就会葬身水底；如果他是无辜的，那他就会安然无恙地浮出水面。

4. 海老人普洛透斯

希腊神话中的海老人普洛透斯，住在埃及附近的一个小岛上，给海神放牧海豹。他有着超人的本领，既能预言未来，又能变出各种形态。如果有谁抓住他，等到他恢复原形时，他将回答抓他的人所提出的各种问题，而且绝对不会出错。希腊英雄墨涅拉俄斯被逆风吹到埃及，不知道该走哪条路才能返回故乡。于是在海老人普洛透斯女儿的帮助下，墨涅拉俄斯趁普洛透斯午睡时，一把将普洛透斯抓住。为了能问出回家的路，无论海老人普洛透斯变成狮子、巨龙，还是树木、流水，墨涅拉俄斯总是死死抓住他，一点也不松手，终于迫使普洛透斯告诉了他回乡的路。后来，人们就用“普洛透斯”表示千变万化，用“普洛透斯的形象”比喻难以捉摸。这个故事也说明了这样一个道理：任何人无论做什么事，只要持之以恒，终能取得成功和胜利。

中外小说中的大海故事

1.《东游记》

《东游记》又名《上洞八仙传》、《八仙出处东游记》，共2卷56回，作者为明代吴元泰。本书内容为八仙的神话传说，记叙铁拐李、汉钟离、吕洞宾、张果老、蓝采和、何仙姑、韩湘子、曹国舅八位神仙修炼得道的过程。

吴元泰，字不详，号兰江，里居及生卒年均不详，约明世宗至清嘉靖末前后在世。

《东游记》中记载八仙得道成仙，受王母之邀赴蟠桃大会，归途中经过大海时，吕洞宾提出诸仙不要再同来时一样乘云而过，须各以物投水，乘所投之物而过。

于是，铁拐李投铁杖及葫芦于水中，自立其上，乘风逐浪而渡；蓝采和以花篮投水中而渡；韩湘子以横笛投水中而渡；吕洞宾以长剑投水而渡。

其余张果老、曹国舅、汉钟离、何仙姑等亦各以纸叠驴、玉版、芭蕉扇、莲花投水中而渡。这就是“八仙过海，各显神通”的由来。

八仙过海图

海中龙子眼红八仙宝物，遂兴起风浪妄图强夺，八仙愤然迎战，双方展开恶斗。八仙法力高强，轻易击败龙子，龙王派兵将为其子助阵，也被八仙杀败，无可奈何之下便请天兵来剿灭八仙。观音得知此事，赶来出面调停，双方这才和解。

2.《镜花缘》

《镜花缘》，清代百回长篇小说，是一部与《西游记》、《封神榜》、《聊斋志异》同辉璀璨、带有浓厚神话色彩、浪漫幻想迷离的中国古典长篇小说。作者是清代著名小说家李汝珍，其以神幻诙谐的创作手法引经据典，奇妙地勾画出一幅绚丽斑斓的彩图。

武则天废唐改周时，一日，天降大雪，她因醉下诏百花盛开，不巧百花仙子出游,众花神无从请示，又不敢违旨不尊，只得开花，因此触犯天条，被贬到人间。

百花仙子托生为秀才唐敖之女唐小山。

唐敖赴京赶考，中得探花，却被奸人陷害革去功名。唐敖对仕途感到灰心丧气，便随妻兄林之洋、舵工多九公出海经商。他们路经30多个国家，见识了各种奇人轶事、奇风异俗，并结识由花仙转世的女子。

在“君子国”，商人收低价讨好货，国王严令禁止臣民献珠宝，否则烧毁珠宝并治罪；“大人国”的脚下有云彩，好人脚下是彩云，坏人脚下是黑云，大官因脚下的云见不得人而以红绫遮住；“女儿国”里林之洋被选为女王的“王妃”，被穿耳缠足；在“两面国”里的人前后都长着脸，每个人都有两个面孔，前面一张笑脸，后面藏着一张恶脸，这些人都虚伪狡诈；“无肠国”里的人都没有心、肝、胆、肺，他们都贪婪刻薄；“豕喙国”中的人都撒谎成性，只要一张嘴，就都是假话，没有一句是真的；“踵国”里的人僵化刻板……

后唐敖入小蓬莱山求仙不返，他的女儿唐小山思念父亲心切，逼林之洋带她出海寻父，游历各处仙境，来到小蓬莱，从樵夫那得到父亲的信，让她改名“闺臣”，去赴才女考试，考中后父女再相聚。唐小山改名唐闺臣回去应试，武则天开科考试才女，录取百人，一如泣红亭石碑名序。才女们相聚“红文宴”，各显其才，琴棋书画、医卜音算、灯谜酒令，人人论学说艺，尽欢而散。

蓬莱山

3.《海的女儿》

在海的远处，水是那么蓝，像最美丽的矢车菊的花瓣，同时又是那么清，像最明亮的玻璃。然而它又是那么深，深得任何锚链都达不到底……

你知道吗 安徒生

安徒生(1805—1875)，出生于丹麦第二大城市欧登塞的一个贫民家庭。父亲是一个鞋匠，母亲靠洗衣赚点零用钱。他做过演员，写过诗、剧本，但使他的名字家喻户晓的原因，却是他创作了170多篇童话。

丹麦的美人鱼雕塑

1837年，32岁的安徒生走在哥本哈根的大街上，他神情冷漠，内心沮丧。从14岁离开家乡欧登塞到这一天已经18年了，可是“丑小鸭”还是没有变成“白天鹅”。尽管小说《即兴诗人》的出版使他赢得了国际声誉，两部童话集的销量也很好，但是贵族阶层还是不肯接纳这个鞋匠的儿子。因为门第和经济的原因，安徒生的第一位女友这时也嫁给了别人，这对他的打击非常大。在迷茫和彷徨之际，他突然想到了他的童话叙事长诗《阿格奈特和人鱼》中6个人鱼公主的命运。这6个人鱼公主是海王和王后阿格奈特的女儿，但是王后阿格奈特不喜欢海底的生活，她热爱人间，最后她抛下荣华富贵和6个年幼的孩子，游向了她向往的世界。尽管这首叙事诗反应平淡，但是这6个人鱼公主的命运却一直萦绕在安徒生的心间，他总是在想：她们长大了会怎样，也会和他一样经历失落和痛苦吗？《海的女儿》就是在这样的背景下写成的。

这是一个充满了牺牲精神的悲剧故事。美丽高贵的小美人鱼是海王的小女儿，她向往人间的生活，从小就憧憬着像姐姐们一样浮上海面去看看人间的世界。当她15岁第一次被允许浮出海面时，恰巧遇到一场风暴，她救起了海上落难的王子，并且不由自主地爱上了他。于是，她找到海底的巫婆，请求她给自己一双和人类一样能够自由行走的双腿，但她必须用自己最美妙的声音交换。而且即使她到了人间，如果她得不到王子的爱，在王子和别人结婚的第二天早晨，她就会变成海里的泡沫。

尽管如此，小美人鱼还是毅然地吃下了巫婆给的药，鱼尾变成了双腿，可她之后行走的每一步都如同踩在刀刃上般疼痛。王子在宫殿前发现了小美人鱼，把她带进了宫中。王子虽然也喜欢她，但最终迎娶的却是邻国的一位公主——王子一直认为是那位公主在海难中救了他。在婚礼的当晚，小美人鱼的姐姐们用自己的长发从巫婆那里换来了一把短刀——只要小美人鱼用它刺死王子,让他的血流到她的腿上，她就会恢复原来的样子，就可以继续回到海里享受她300年的生命。但是，善良的小美人鱼不忍心伤害王子，她不愿用别人的幸福来换取自己的生命。她将短刀扔进了大海，从船上纵身一跃，化为大海中的一个泡沫。

无垠的大海

小美人鱼的故事已流传了许多年，世界上的许多国家、许多角落、许多人都曾为之感动落泪，感慨小美人鱼对爱情的执着和牺牲。小美人鱼耗尽全身的力气，去追求的是一个更博大的精神世界，在那里有着永恒——爱的永恒，这种永恒和她在海里得到的300年无忧无虑、无风无浪的生命相比，是那么吸引人，那么纯真美丽。

在小美人鱼的故事背后，是安徒生在现实生活中同样令人唏嘘的对自身价值的追求。安徒生一生都在为获得声名和荣耀而奋斗，为了得到上流社会的认可，他不得不俯首低眉、点头哈腰，可是在内心深处，他依然天真、执拗。这种性格的分裂使安徒生也像小美人鱼一样，前进道路中的每一步，都如同踩在刀刃上一般疼痛。

在小美人鱼的身上，我们看到了坚强、勇敢、善良，这正是她所生长的地方——大海赋予她的。大海的深广、绚烂使小美人鱼的童年生活自由而随性，海底世界的温情、宽容，有着丝毫不亚于人类世界的美好情感。小美人鱼身上由大海培育的性格，也得到了依海而生的丹麦国民的推崇。今天，“海的女儿”依旧是丹麦的象征。如果你有机会来到哥本哈根，也许还会看到，在大海的深处，小美人鱼依然在眺望远方……

4.《水孩子》

《水孩子》是英国著名童话作家查尔斯·金斯莱创作的童话。作为一部写给自己 4 岁儿子的幻想故事，《水孩子》的意义在于用幻想的方式突破了当时以训诫为主的教育方法，通过小汤姆在大海中的一番奇妙经历，轻松愉快地告诉孩子们如何才能成为一个勇敢善良、胸怀宽广的人。

水孩子

作品讲述了一个扫烟囱的孩子小汤姆如何通过自身的努力实现道德完善的故事。小汤姆是葛林姆斯的学徒，葛林姆斯对他非常粗暴，动不动就打骂他，还不让他吃饱。在这样的环境中成长起来的小汤姆变得非常自私，他最大的梦想就是长大后成为葛林姆斯这样的人。一次，小汤姆随葛林姆斯去约翰·哈特荷佛爵爷府扫烟囱，因为误闯公主爱丽丝的房间而被仆人当成小偷，在他逃跑的时候,不小心跌入水中，变成了一个水孩子。变成水孩子后的汤姆依旧调皮捣蛋，他一会儿逗螃蟹，一会儿捉弄鳟鱼，但很快他就感到了缺少同类的孤独，于是决定游向大海寻找其他的水孩子。经过一路追寻，他终于在海边的白沙滩上找到了同类，并跟随他们一起到了仙女岛。在仙女岛上，汤姆在惩恶仙女、待善仙女和爱丽丝的感化下决定改变自己，做一个讨人喜欢的人。仙女们告诉他，要做一个受人欢迎的绅士，就要去外面的世界帮助自己不喜欢的人。汤姆首先想到的是自己的师父葛林姆斯。他先是在海豚、鲱鱼等的帮助下来到光辉城，然后在冰冷的海水中游了七天七夜，又在慈爱仙女的帮助下来到“天外天”找到了师父。汤姆帮助了师父，自己也从水孩子变成了一个有教养的、受欢迎的人。

当时的英国，依旧把文学看成救治社会的良药，尤其是儿童文学中充满了教化和训诫的味道，这在汤姆变成水孩子走向大海的情节中就有所反映。在《水孩子》中，大海无疑是生命的摇篮，是海底的婆婆剪出了一个又一个生命。作品中的这些幻想，使它不似同时期只有训诫味道的作品那么乏味，而它告诉孩子们的道理简单却充满了生命的活力。在汤姆一个人悠闲自在地在河里生活的时候，他听到了一个召唤他的声音——“下海去！下海去！”这个声音也许来自水底的鳗鱼，也许来自老獭，也许来自三个美丽的小姑娘，但更来自汤姆内心对这平淡无奇的生活的厌倦，对更大的世界的向往。他决然地向大海游去，在那里，他看到了一个广博而精彩的世界。如果不曾走这一遭，他也许永远生活在一个狭小而黑暗的内心世界中——世界上只是多了一个葛林姆斯。大海使汤姆感受到了生命的意义，他懂得了人降生到这个世界上，就与整个世界的其他人联系在了一起，只有帮助了别人，自己才能够成长为真正的男子汉；只有去外面的世界，才能完成灵魂的修炼。如此看来，在冰冷的大海里游走了七天七夜的汤姆，去寻找的并不是需要帮助的葛林姆斯，而是自己完美而高尚的灵魂。

第二节 源远流长的海洋文化

孔孟眼中的大海与人生

1. 孔子

先秦是中华文化的轴心时代，是一个需要巨人也产生了巨人的时代。这一时期的中国文学，文史哲不分，诗乐舞相连，百家争鸣，形成的文化传统奠定了数千年来中国文化的思想基础，成为中国文化宝贵的精神财富。尤其是儒、道两家的思想，影响着后世人们的世界观、人生观和价值观。哲人们注重以宇宙自然万物表征社会人生哲理，体现了当时人们主体意识的觉醒。

相较于西方的海洋文明，中国以内陆文明为主，文化观念较为保守和单一。先人们对于中原之外的四海之滨，更多的是文学性想象。在大海与人生关系的探讨上，孔孟更多关注其社会性。当政治理想无法实现时，大海是他们暂时获得精神寄托的世外桃源。而在主张道法自然的老庄看来，大海是自然的一部分，与宇宙自成一体。他们看重的是川谷江海容纳万物、包容大度的自然属性，一心想成为退而闲游、任意去留的江海之士。在他们那里，“天人合一”，人与海洋、人与自然和谐相处，从江海之水中获得灵性的洗礼和自然滋养。这也成为中

孔子像

国古代海洋文学最重要的精神要义之一。

你知道吗

孔子与儒家思想

2000多年前，孔子创立了以“仁”为核心的儒家思想，他强调仁、义、礼、智、信，强调作为一个有责任感的“士”应该积极入世，将修身、齐家、治国、平天下作为奋斗的目标。孔子思想的核心是“礼”与“仁”，在治国方略上。他主张“为政以德”，用道德和礼教来治理国家。孔子“仁”的学说，体现了人道主义精神；孔子“礼”的学说，则体现了礼制精神，即现代意义上的秩序和制度。这是建立人类文明社会的基本要求。孔子的这种人道主义和秩序精神是中国古代社会政治思想的精华。

古人云，“天不生仲尼，万古如长夜”。孔子距今已有2000多年，但他的思想仍像明灯一样，时常会向我们迷茫的心灵投来一束智慧的光亮。

与历史上被过分拔高或贬低的孔子不同，今天的孔子更像是一个普通人，人们知道他其实身材高大、力气过人、酒量超凡，并不是传说中的文弱书生。他一生都在做着连自己都知道会失败的事——将他的“仁政”思想推行到君王的统治中去。因为不合时宜，孔子的人生之路走得并不轻松。

孔子20岁就决心入仕途，但在鲁国并未得到重用。后来去往齐国，齐景公本来很赏识他，但由于齐国大夫的陷害，齐景公不愿重用他，他只好又回到鲁国。这时的鲁国政权都掌握在鲁国大夫的家臣手中，这对于讲究“礼”数的孔子来说是不能忍受的。他对鲁国君臣昼夜歌

广袤而深邃的大海

舞升平的现象十分不满，于是决定离开鲁国，重新寻找能够接受自己主张的国君，这一年孔子已经55岁了。孔子先是来到卫国，遭谗言陷害几度离开，59岁时他打算接受楚国的聘用，然而又被陈蔡大夫嫉恨，在孔子前去的途中将其围困，以至粮绝，经学生子贡的斡旋，师徒才免于一死。直至逝世，孔子“仁”的思想也没有被任何一位国君推行。

孔子的一生，用他自己的一句话来评价就是，“知其不可而为之”。但是在他遭贬损、被拒斥、遇谗言、陷于绝境的时候，大海成为他心中最后的归宿——“道不行，乘桴浮于海。”他明白，自己的政治主张已然无法实现，被采纳的机会是那么渺茫，还不如乘着木排去海外，告别纷扰，过自己的生活。可是大海啊，你那里也许是理想的圣地，也许有神灵居住，有仙女歌唱，但是对于一个怀抱着理想的思想者来说，大海也只是一剂慰藉痛苦的止痛药，疼痛减轻之后，属于人间的勇士还是要继续在这荒芜的人间寻找理想的所在。

2. 孟子

2000多年前的一个早晨，一辆破旧的马车行驶在坑坑洼洼的土路上，它发出的吱呀吱呀的声音打破了黎明的寂静。车里坐着一个叫孟轲的人，面庞清癯。旅途中他不断地掀开窗帘，看到的都是破败的房屋和流离失所的难民。他的眉头越来越紧，心越来越痛。他感到自己要建立一个“幼有所养，老有所依”的大同世界的构想是那么重要，他必须义无反顾地奔赴前方，只为将孔子“仁”的主张推向社会最需要的地方。然而，孟轲比孔子更生不逢时，他生活在战国中期，时值民不聊生、道德失范的战乱岁月，各诸侯国忙于富国强兵，都想依靠战争的暴力手段争霸天下，哪里肯接纳他提出的通过施行德政来争取人心、统一天下的主张？连后世的司马迁都认为，孟子的这些主张与他所生活的时代，就像是一个方形木塞和一个圆孔，彼此格格不入。

海洋泛舟

孟子从44岁开始效法孔子，“知其不可而为之”，带领学生周游列国。然而他与孔子在性情上有很大的不同，如果说孔子是温润如玉，那么他则是方正耿正。在国君面前，孟子没有丝毫的奴颜媚骨，他平等地与他们对话，气宇轩昂，滔滔不绝，始终保持着“说大人，则藐之”的豪迈气概，也因此留下了“好辩”的名声。如此倨傲的孟子，到了花甲之年，也不得不承认自己在政治上的天真，他只好选概“隐居求其志”，回到故乡与弟子万章一起“序《诗》、《书》，述仲尼之意，作《孟子》七篇”。

和孔子一样，孟子眼中的北海、东海等世外桃源，也是他逃避浊乱现世的避风港。大海同社会人生联系在了一起。但作为孔子学说的传人，孟子睿智聪慧，也将大海作为

亚圣——孟子

自己汲取人生哲理的源泉。

你知道吗

孟子的生平

孟子（前372—前289），名轲，字子舆，邹国（今山东邹城）人。著有《孟子》一书，继承并发扬了孔子的思想，是战国时期儒家思想的代表人物，有“亚圣”之称。因其对儒家思想的贡献，常与孔子合称为“孔孟”。

一个人的胸襟和气度决定了他的人生格局。我们一起来看一下孟子关于大海的名言佳句。

孔子登东山而小鲁，登泰山而小天下，故观于海者难为水，游于圣人之门者难为言。（《孟子·尽心上》）

释义：孔子登上东山，就觉得鲁国变小了，登上了泰山，就觉得天下变小了，所以看过汪洋大海的人，很难会被江河湖泊吸引，亲聆过圣人之训的人，很难会被其他凡俗的言论所吸引。在这里，孟子强调人应立志高远，有大海“纳百川，容万物”的胸怀气量，方能成大事。

循序渐进，厚积薄发。

现水有术，必观其澜。日月有明，客光必照焉。流水之为物也，不盈科不行。君子之志于道也，不成章

不达。(《孟子·尽心上》)

释义：在立志高远的同时，也要踏实努力，把握规律，循序渐进，就像流水是有规律的，它必须把河道中的坑坑洼洼填满才能继续向前流动，而太阳的光芒从来不放过任何缝隙，因此要立志做学问，必须一点一滴地积累才能逐步通达。

因势利导，顺势而为，克服万难。

禹之治水，水之道也，是故禹以四海为壑。

水性就下，而海则地势之最下者也。禹惟顺水之性，故因势而利导之。(《孟子·告子下》)

释义：大禹能够治水成功，是因为他把握了水的自然之性，顺应了水往低处流的规律，所以他疏通河道，使水都归于大海，这叫顺而治之。孟子在这里讲的是做人做事要顺势而为，只有这样方能进退自如，克服困难，成就顺风顺水的成功人生。

孔孟眼中的大海，是肩负着社会责任的思想者的心灵之海，是他们精神上的栖息之地和灵魂家园。他们坚持着自己的理想，犹如飞蛾扑火，执着勇往。孔子也曾想过乘桴浮于自己的心灵之海，远离现实纷扰，但是他放不下。于孟子而言，大海令他更为理性，并懂得了博大、踏实，懂得了刚柔并济、顺势而为，

汹涌的大海

他在寻找一种刚柔并济、进退自如的方法，从而平衡理想与现实的矛盾。

是进还是退，是辗转于庙堂间还是乘桴浮于海，这是以天下为己任的知识分子都无法回避的问题。晚年的孔孟，回顾自己几十年的宦海沉浮、颠沛流离和失意落魄，也许想到要退回自己的内心——隐而不仕，但到生命的最后一刻，他们做的都是一个知其不可而为之的勇士。因此，虽然他们说要隐居，但其实也时刻渴望与准备重新出发。就这样，大海开启了中国知识分子精神世界的矛盾，仕与隐的纠结成为后世文学的一个重要主题。

中国诗人的大海情结

1. 李白描绘大海的诗句

李白 (701—762) 是中国唐朝时期最伟大的浪漫主义诗人。他的诗题材广泛，形式多样，文字瑰丽，是中华文化诗歌史上的宝贵财富。他一生写下了大量诗篇，其中有许多是描绘大海的或以大海作譬的，如“巨海纳百川，麟阁多才贤”；有的描绘了有关大海的神话、传说，如《古风·其三》中的“连弩射海鱼，长鲸正崔嵬。额鼻象五岳，扬波喷云雷。徐芾载秦女，楼船几时回？”；有的喻写势力的强弱，如《古风·三十四》中说：“困兽当猛虎，穷鱼饵奔鲸”；有的借描绘海景来抒发自己的志向，如《行路难》中的“长风破浪会有时，直挂云帆济沧海”和《江上吟》中的“仙人有待乘黄鹤，海客无心随白鸥”；有的是描绘梦幻中的大海景象，如《梦游天姥吟留别》中的写海名句“海客谈瀛洲，烟涛微茫信难求”和“半壁见海日，空中闻天鸡”历来为人所诵，甚至连李白本人都自称是“海上钓鳌客”，可见李白与大海的不解之缘。

豪气千云的李白

2. 苏轼描绘海潮的著名诗词

苏轼是中国北宋时期的著名诗人，豪放派词的代表作家，一生写下了无数诗文，其中不乏咏海的名篇，而写海潮最著名的要数《望海楼晚景五绝》(其一) 和《八月十五日看潮五绝》(其二) 了。苏轼这两首七言绝句都创作于宋神宗熙宁年间。此时他任杭州通判，多次有机会观看和描绘天下闻名的钱塘海潮。在前一首诗中，苏轼从新的角度写出了海潮神速变幻的特点：“海上潮头一线来，楼前指顾雪成堆。从今潮上君须上，更看银山二十回。”而后一首诗，则借用历史典故喻写眼前壮观，又以越山反衬出海潮巨浪之高：“万人鼓噪慑吴侬，犹似浮江老阿童。欲识潮头高几许，越山浑在浪花中。”淋漓尽致地表现了江海相连、惊涛骇浪排空而来的磅礴气象，洋溢着一股豪放之气。

3. 陆游的《航海》

陆游是中国南宋时期著名的爱国诗人，一生创作了大量诗歌，号称“六十年间万首诗”，具有清新

澎湃的海潮

而豪放的风格。在陆游上万首的诗歌作品里，其中就有大量歌咏大海的诗。在这些歌咏大海的诗歌作品中，陆游一方面描绘了波澜壮阔的大海景象，另一方面也借对大海形象的刻画，托物言志地抒发了自己的豪情壮志和深厚的爱国情怀，成为宋代文学中不可多得的海洋诗歌佳作。在七言绝句《梦海山壁间诗不能尽记以其意追补》中，陆游以豪放的笔触描绘了一幅波涛汹涌、红日初升的壮丽海上日出景色：“海上乘云满袖风，醉扪星斗蹑虚空。要知壮观非尘世，半夜鲸波浴日红。”在五言律诗《海中醉题时雷雨初霁天水相接也》中，陆游以夸张的白描笔法绘就了一幅海上雷雨初霁、白浪滔天、海天一色的大自然奇观：“羁游哪复恨，奇观有南冥。浪蹴半空白，天浮无尽青。吞吐交日月，澒洞战雷霆。醉后吹横笛，鱼龙亦出听。”此外，在七言律诗《游鄞》、七绝组诗《乙丑夏秋之交，小舟早夜往来湖中，戏成绝句十二首》、七绝《普陀留咏·海山》、《普陀留咏·千步沙观潮》以及《三月十七日夜醉中作》等诗作中，或写自己乘船在海上游玩，或记自己夜半聆听海涛拍岸，或叙自己游览海岛景观，或抒发自己泛海脍鲸的英雄豪情，而最能体现陆游上述诗歌思想与艺术成就的海洋诗作则非五言占诗《航海》莫属：“我不如列子，神游御天风。尚应似安石，悠然云海中。卧看十幅蒲，弯弯若张弓。潮来涌银山，忽复磨青铜。饥鹘掠船舷，大鱼肆虚空。流落何足道，豪气荡肺胸。歌罢海动色，诗成天改容。行矣跨鹏背，弭节蓬莱宫。”在这首《航海》诗中，陆游尽管开篇就以谦虚的口吻说自己虽然不能像战国时的道家著名人物列子那样在宇宙间天马行空、御风而行，但在浩瀚无垠、波涛汹涌的大海上，自己却能够像晋代谢安“任凭风浪起，稳坐钓鱼船”那样做到吟啸自若、稳泛沧溟。在陆游的眼里看来，在大海上航行的用十幅蒲草编成巨帆的艨艟舰船，远远望去就像是一张引而不发的弯弓。大海涌起波涛时如同矗立起高高的银山，风平浪静的时候，大海又仿佛是一块巨大晶莹的青铜宝镜，天上觅食的海鸟扇动翅膀飞快地掠过船舷，海里潜游的鲸鱼跃出海面好似要在半空中起舞。如此生动的海洋景象，在陆游以往的诗歌中是非常罕见的。在《航海》诗的结尾，陆游又以豪放的情怀展开浪漫的想象翅膀，要跨坐在扶摇直上九万里的鲲鹏的脊背上，去追逐自己的理想，要到传说中的海上神山蓬莱宫，优游踏歌，自在逍遥。《航海》不仅是陆游海洋诗歌的代表作，而且在宋代海洋文学中也占有不可替代的重要地位。

你知道吗

谁是第一个以海入词的词人

词在宋代有两大流派，一个是豪放派，一个是婉约派，婉约派的词以纤巧婉约著称于世，歌吟大海历来是男人们的权利，但是，宋代著名的婉约派女词人李清照（1084—约1151）却巾帼不让须眉，成为中国词坛第一个以海入词的人，这首词就是她的《渔家傲》：“天接云涛连晓雾，星河欲转千帆舞，仿佛梦魂归帝所，闻天语，殷勤问我归何处。我报路长嗟日暮，学诗漫有惊人句，九万里风鳌正举，风休住，篷风吹取三山去。”这是一首具有豪放风格的海洋词，表现出一种开阔浩大的境界。

一代才女李清照

老庄：逍遥天地间

江海所以能为百谷王者，以其善下之，故能为百谷王。

——《老子》

北冥有鱼，其名为鲲。鲲之大，不知其几千里也。化而为鸟，其名为鹏。鹏之大，不知其几千里也；怒而飞，其翼若垂天之云。是鸟也，海运则徙于南溟。南溟者，天池也。

——《庄子》

你知道吗

老子与他的哲学

老子，姓李名耳，又称老聃，春秋时期楚国人，中国古代伟大的哲学家和思想家，道家学派创始人，被唐皇武后封为太上老君，世界文化名人，世界百位历史名人之一，存世有《道德经》(又称《老子》)。其作品的精华是朴素的辩证法，主张无为而治，其学说对中国哲学发展具有深刻影响。

先秦诸子百家争鸣时，能与儒家学派分庭抗礼的非道家莫属。他们一方面说要立身行道，另一方面则言清静无为；一方主张王者之道，另一方则认为道法自然。其实，二者之间并不矛盾——儒家讲求的是人生的成全和实现，而道家则讲求人生的超越和洒脱，二者侧重的是人生不同的方向。在先秦，道家学派以其深邃而名扬四海。汉初，道家学派以其“无为而治”的理念被奉为治国之道，成就了“文景之治”。虽然汉武帝之后儒家思想跃居统治地位，但道家思想并未退出历史舞台，而是继续在中国古代思想文化发展中扮演重要角色，著名的魏晋玄学、宋明理学无不糅合了道家思想。即使到了今天，道家思想仍然是人们重要的精神园地。

老子

作为道家的先河之作，《老子》仅仅5000余言，而集道家思想大成的《庄子》也只有33篇，但是它们却完美地阐释了道家思想的精髓“道法自然”的和谐之论，“天人合一”的物我境界，“致虚守静”的修道方式，以及“无为而治”的治世原则，塑造了一个精神自由之境。

在老子眼中，大海博大精深，有着深不可测的一面，有着本真的一面，也有着清净内敛的一面。他曾言，“澹兮其若海”，“大国者下流”，这里的江海意喻修道之人当静如深海、包容万物，只有这样内敛不争、谦下任顺的品德，才能够体悟大道。在庄子的世界里，则充满了逍遥天地间的自在。在《逍遥游》中，庄子塑造了能彻底解脱现实烦恼、真正做到自由自在的海中鲲鹏形象，其生命的开阔大气、磅礴之力清晰可见，成为任性自然的象征，其扶摇直上九万里的形象被后世看作壮志凌云、气势磅礴的象征，具有积极向上的进取精神。

同时，庄子也为世人描绘了一个海中姑射山的神仙仙境。《庄子·逍遥游》中有这样一段描述：

藐姑射之山，有神人居焉，肌肤若冰雪，绰约若处子。不食五谷，吸风饮露，乘云气，御飞龙，而游乎四海之外。其神凝，使物不疵疠

博大深邃的大海

而年谷熟。

你知道吗

庄子的生平

庄子（前369—前286），名周，字子休，战国时期宋国（今在安徽省蒙城县，一说是河南商丘）人。庄子是道家学派的代表人物，与老子并称为“老庄”。

这个海中仙境，显然是庄子最为理想的逍遥之地，表现了他超然物外、神游天地、融于自然的渴望。庄子一生向往的便是退居闲游，做个江海山林之士，寄居江海之上，神游天地之间，虚静、恬淡、无为……

因此，相对于孔孟，老庄眼中的大海有更多自然的属性，与宇宙万物一体。江海是隐逸遁世的真正桃源，其归隐是彻底地与自然融为一体。人生理想和社会现实之间虽有矛盾，但是从自然中求得化解的力量，显然有助于获得内心的平衡。庄子在此展现了逍遥天地间的自在洒脱，并给数千年追求精神自由的文人以启发。老庄顺应自然、回归自然的主张，更有人文关怀，更符合人与自然和谐相处的原则，是一种解放心灵、温暖人心的精神力量。

庄子图

外国诗词与大海

1.《在那不勒斯附近沮丧而作》描写的大海

《在那不勒斯附近沮丧而作》是英国18世纪的著名诗人雪莱(1792—1822)的一首写海的名诗。全诗共五小节，雪莱借海水的情态和色泽的变化来抒发自己的苦闷心情。诗中对大海的描写充满诗情画意，历来被人所称道。雪莱在诗中描写大海："暖和的阳光，天空正明媚，海渡在急速而灼烁地舞蹈／日午把紫色的、晶莹的光辉，洒在积雪的山峰，碧蓝的岛／潮湿大地的呼吸轻轻缭绕，缭绕着那含苞未放的花朵；像是一种欢乐的不同音调。听！那轻风，那洋流，那鸟的歌，城市的喧哗也像发自世外那样温和。／我看到海底幽高的岩床上，浮着海蕈，青绿与紫红交织／我看到那打在岸沿的波浪，有如星雨，光芒飞溅而消失／我独自坐在沙滩上憩息；日午的浪潮闪耀着电光／在我周身明灭，一种旋律／在海底起伏的运动之中浮荡。呵，多优美！但愿我这感情能有人分享！"

2. 普希金与《致大海》

面对大海的普希金

普希金(1799—1837)是俄罗斯19世纪伟大的民族诗人，近代文学的奠基人和文学语言的奠基人，被誉为"俄罗斯文学之父"。在普希金短暂而辉煌的诗歌创作生涯中，他创作了许多被人传诵至今的诗歌，其中有不少是关于大海的，而最著名的就是《致大海》。

原诗是这样描写大海的："再见吧，自由奔放的大海！／这是你最后一次在我眼前／翻滚着蔚蓝色的波涛和闪耀着娇美的容光。／好像是朋友的忧郁的怨诉／好像是他在临别时的呼唤／我最后一次在倾听你想念的喧响／你召唤的喧响。／你是我心灵的愿望之所在呀！／我时常沿着你的岸旁／一个人静悄悄地、茫然地徘徊／还因为那个隐秘的愿望而苦恼心伤！／我多么热爱的回音／热爱你阴沉的声调，你深渊的音响／还有那黄昏时分的寂静／和那反复无常的激情！渔夫们的温顺的风帆／靠了你的任性的保护／在波涛之间勇敢地飞航／但当你汹涌起来无法控制时／大群的船只就会被覆亡。我总想永远地离开／你这寂寞和静止不动的身旁／怀着狂欢之情祝贺你／并任我的诗歌顺着你的波涛奔向远方／但是我却不能如愿以偿。人等待着，你召唤着……而我却被束缚住；我的心灵的挣扎完全归于虚枉：我被一种强烈的热情所魅惑，使我留在你的岸旁。有什么好怜惜呢？现在那儿／才是我要奔向的无一牵挂的路径？在你的荒漠之中／有一样东西它曾使我的心灵为之震惊。／这是一个峭岩，一座光荣的故墓在那儿／沉浸在寒冷的睡梦中的，是一些威严的回忆／拿破仑就在那儿消亡。／在那儿，他长眠在苦难之中。／而紧跟他之后，正像风暴的喧响一样／另一个天才，又飞离我们而去／他是我们思想上的另一位君王／为自由之神所悲泣着的歌消失了／他把自己的桂冠留在世上／阴恶的天气暄腾起来吧，激荡起来吧／噢，大海呀，是他曾经将你歌唱。／你的形象反映他的身上／他是用你的精神塑造成长／正像你一样，他威严、深远和阴沉／他像你一样，什么都不能使他屈服投降。／世界空虚……大海洋呀／你现在要把我带到什么地方，那儿早就有人守卫／或许是开明的贤者，或许是暴虐的君王。／噢，再见，大海！／我永不会忘记你庄严的容光／我将长久地，长久地倾听你在黄昏时分的轰响。／我整个的心灵充满了你／我要把你的峭岩，你的海湾／你的闪光，你的阴影，还有絮语的波浪／带进森林，带到那寂静的荒漠之乡。”

被文人墨客们歌颂的大海